文献计量视角下农业学科与产业分析

王 磊 孟 静 唐 研 著

U0384849

中国农业科学技术出版社

图书在版编目（CIP）数据

文献计量视角下农业学科与产业分析 / 王磊，孟静，唐研著. ––北京：中国农业科学技术出版社，2023.5

ISBN 978-7-5116-6287-3

Ⅰ.①文…　Ⅱ.①王…②孟…③唐…　Ⅲ.①农业科学—研究　Ⅳ.①S

中国国家版本馆CIP数据核字（2023）第093439号

责任编辑　白姗姗
责任校对　马广洋
责任印制　姜义伟　王思文

出　版　者　中国农业科学技术出版社
　　　　　　北京市中关村南大街12号　邮编：100081
电　　　话　（010）82106638（编辑室）　　　（010）82109704（发行部）
　　　　　　（010）82109709（读者服务部）
网　　　址　https://castp.caas.cn
经 销 者　各地新华书店
印 刷 者　北京建宏印刷有限公司
开　　　本　185mm×260 mm　1/16
印　　　张　10
字　　　数　240千字
版　　　次　2023年5月第1版　2023年5月第1次印刷
定　　　价　78.00元

农业是人类的衣食之源、生存之本。作为国家的第一产业，农业在国民经济中占据特殊的地位，支撑着国民经济的建设和发展。

2018年9月，习近平在十九届中央政治局第八次集体学习讲话时强调，没有农业农村现代化就没有整个国家现代化。中国现代化离不开农业农村现代化。高度的知识化、社会化、国际化、商业化、规模化、专业化、区域化等积极因素交织融合在一起，为农业腾飞插上了科技的翅膀。

在世界农业科学快速发展的近十多年，我国农业科技研究能力有了质的提升，各类科研成果产出数量剧增，且质量整体向好，引起越来越多科技情报工作者的关注。用定量和定性的方法分析农业科研产出，不仅可以分析农业科学研究的发展态势、地位和影响力，同时对农业发展水平评估、农业科技决策以及农业科研机制创新具有重要的参考价值。

山东省农业科学院作为省级农业科研单位，对我国和世界农业科技发展态势进行研究，对农业机构科研产出能力进行计量分析，职责所在，义不容辞。这是洞悉世界农业科技前沿、加快农业创新体系建设的需要，更是实现"十四五"农业科技发展战略目标的基础和前提。

农业科技信息与知识服务是山东省农业科学院支持实施的农业科技创新工程基础性任务，目的在于提升农业科技文献资源和农业科研基础数据综合分析利用水平，增强知识服务能力。农业科技信息与知识服务创新团队自成立之初，始终本着拓展新资源、挖掘新方向、探索新需求、提供新服务的宗旨，在全体团队成员的共同努力下，攻坚克难、不断创新，将知识服务工作推向新的高度。

本书主要包括文献计量方法、农业学科分析和农业产业分析三大部分。面向专家、面向决策、面向产业不同的信息需求，从学科与产业基础出发，利用文献计量方法，检索资源、分析数据，多维度、可视化展示发展脉络与前沿热点，是反映农业学科与产业发展中论文产出能力、专利产出能力、机构科研能力、团队合作能力以及产业发展能力的一面镜子。

本书是基于农业科技信息与知识服务项目的研究和实践，加以提升完善的成果，是团队集体智慧的结晶，凝聚了众多同志的心血。本书由王磊、孟静、唐研负责架构设计、撰写和统稿工作。山东省农业科学院农业信息与经济研究所王丽丽、孔庆富、刘锋、王剑非、董暐、房毅、张丽荣，山东省农业科学院家禽研究所韩艳，山东省果树研究所崔冬冬，潍坊市农业科学院韩瑞东、孔祥彬、刘英、初文红、杨晓东、张连晓，烟台市农业科学研究院李淑平、张焕春、孙妮娜，济宁市农业科学研究院任艳云、高发瑞、高仙草、朱哲、刘晓强、邹天翔，菏泽市农业科学院吕令华、王连祥、尉菊萍、刘磊，山东大学谢瑶、刘晓茜、孙善美为本书的资料搜集和数据调研做了大量工作，并参与了研究工作，在此表示衷心的感谢！特别感谢中国农业科学院农业信息研究所赵瑞雪副所长、武汉大学信息管理学院陆伟院长对项目研究的指导和帮助。

限于著者的知识水平，加之农业信息技术日新月异，研究探索永无止境，因此书中还有不足之处，恳请同行专家及广大读者批评指正，以利于今后予以完善。

著者

2023 年 2 月

目 录

第一章　文献计量方法

第一节　相关概念和理论

一、文献计量学的概念

文献计量学是以文献体系和文献计量特征为研究对象，采用数学、统计学等计量方法，研究文献情报的分布结构、数量关系、变化规律和定量管理，进而探讨科学技术的某些结构、特征和规律的一门学科[1]。作为研究对象的文献体系，既包括原始文献，也包括二次和三次文献，它以一件一件可数的文献、数据或知识单位为计量单位，图书、期刊、会议文献、科技报告、数据等均可。用质量问题数量化文献工作中的各种现象，将不易计量的现象变成可以计量的因素，从而实现定量化的研究。"计量"的概念具有科学性，但计量问题的科学性并不完全等于精确性，由于文献计量学本身既涉及自然科学，也涉及社会科学，影响文献计量过程的既有科学技术等客观因素，也有社会、心理等主观因素，所以它的定量在很多情况下只能是近似的、随机的和模糊的。

二、文献计量方法的研究对象

文献计量方法的研究对象有书目、文摘、索引、被引等文献指标，也有时间、数量、频率等著者指标。文献情报流规律研究和文献情报数量关系研究是文献计量方法的主要应用场景，本书中的研究主要涉及这两方面内容。通过文献本身的数量关系、文献与所含情报量直接的数量关系、文献与著者直接的数量关系、文献与科学技术之间的数量关系、文献与引用之间的数量关系等，发现研究主体的情报流规律，进而系统分析主体间的相互关系，得到更有价值更具信息量的情报和知识。

三、文献计量方法的意义

文献计量方法的意义在于从理论上总结各种经验规律，使经验层次上的情报"工作"上升到理论层次上的情报"科学"。利用文献计量方法，以及加工、整理及实际调查统计所得的资料，从而可以分析和估测某一学科或技术领域的衍生及发展趋势，即根据某个学科的成长与相关文献的数量、内容构成和相互引用关系，估测某一学科的产生、发展、分化和渗透等动向。从文献的角度，利用计量学的方法，可以了解文献的背景价值，掌握农业学科与产业的发展动态与方向，对研究科学人才分布、技术领域布局、预测未来前景具有重要意义。

第二节　数据来源与处理

一、我国论文数据源

我国论文数据来源于中国知网数据库，据分析内容不同将论文出版年分为近 10 年、近 20 年以及自可见发文之日起，设置专业检索表达式获取数据源，以备后续分析。

中国知网数据库利用知识管理的理念，结合搜索引擎、全文检索、数据库等相关技术，在知识及信息中发现和获取所需信息。数据库提供中国学术文献、外文文献、学位论文、报纸、会议、年鉴、工具书等各类资源，并提供在线阅读和下载服务。涵盖领域包括基础科学、文史哲、工程科技、社会科学、农业、经济与管理科学、医药卫生、信息科技等。

二、国内外论文数据源

国内外论文数据来源于 Web of Science（Web of Science Core Collection）核心合集数据库，据分析内容不同将论文出版年分为近 10 年、近 20 年以及自可见发文之日起，设置专业检索表达式获取数据源，以备后续分析。

Web of Science 核心合集，是获取全球学术信息的重要数据库，它收录了全球 12 400 多种权威的、高影响力的学术期刊，内容涵盖自然科学、工程技术、生物医学等领域。Web of Science 核心合集拥有严格的筛选机制，依据文献计量学中的布拉德福定律，只收录各学科领域中的重要学术期刊和重要的国际学术会议。

三、国内外专利数据源

国内外专利数据来源于智慧芽专利数据库，设置目标年限后以专业检索的方式获取数据源。

智慧芽全球专利数据库建立于 2007 年，收录覆盖 116 个国家和地区的专利数据，超 1.3 亿条，并提供精准、多维、可视的专利及研发情报，数据库具备多维检索、多维浏览、专利价值评估、引用分析、3D 专利地图等功能。

四、产业分析数据源

产业分析中的数据来源于联合国粮食及农业组织（FAO）、国家 / 地区统计局和统计年鉴、地区国民经济和社会发展统计公报、地区商务局以及人民政府网站等。

数据源析出后，进行人工清洗，剔除噪音文献，导入分析工具进行统计、绘制图谱，并做进一步的文献计量分析。

第三节　研究方法

一、文献计量法

一种基于数理统计的定量分析方法，它以科学文献的外部特征为研究对象，研究文献的分布结构、数量关系、变化规律和定量管理，进而探讨科学技术的某些结构、特征和规律[2]。例如利用文献计量方法分析归纳国内外小麦遗传研究的现状，可揭示该领域的研究热点和前沿问题，为将来育种工作的开展提供科学依据。

二、引文分析法

利用各种数学及统计学的方法对目标主体的论文数量及被引现象进行比较、归纳、抽象、概括，以揭示其数量特征和内在规律。

三、专利分析法

对有关的专利文献进行筛选、统计、分析，使之转化成可利用信息的方法，分定量分析与定性分析两种。定量分析即对专利文献的外部特征（专利文献的各种著录项目）按照一定的指标（如专利数量）进行统计，并对有关的数据进行解释和分析，以取得动态发展趋势方面的情报；定性分析是以专利的内容为对象，按技术特征归并专利文献，使之有序化的分析过程，一般用来获得技术动向、竞争力、特定权利状况等方面的情报[3]。

四、数据统计法

采用 Microsoft Excel、Citespace 以及 VOSviewer 等统计分析工具实现数据的统计、制表和绘图，同时借助中国知网、Web of Science 以及智慧芽数据库自带的可视化分析功能绘制图谱。

五、对比分析法

把客观事物加以比较，从数量上展示和说明研究对象规模的大小、水平的高低、速度的快慢以及各种关系是否协调，以达到认识事物本质和规律并做出正确评价的方法[4]。

第四节　计量测度指标

一、发文量

国家或地区、机构、作者发表论文的数量，反映论文产出量的大小。

二、被引论文量

国家/区域、机构、作者发表并被引用的论文数量，反映国家或地区、机构、作者有影响力论文产出量的大小。

三、核心机构/作者量

根据普赖斯定律 $N=0.749\sqrt{\eta_{max}}$ 计算，其中 $\sqrt{\eta_{max}}$ = 最高产的研究机构/作者的发文量。

四、专利申请量

国家或地区、机构、个人在特定领域所申请专利的数量，用于评估主体从事技术研发活动的程度。

五、专利授权量

国家或地区、机构、个人所拥有的专利授权数量，用于判断主体的创新能力及技术竞争力。

六、有效专利占有率

被授权并持续缴费的专利比例。

第五节　研究的局限性

引文分析中的计量指标作为科学质量的评测尺度，存在一定的理论意义，但大量研究实验结果表明，非随机性变量对论文质量的判断会产生消极影响，不过这些变量的强度不足以影响引文分析对科学质量差异的解释[5]。

专利计量法中的专利指标可以测定技术发展，但专利与技术发明并不是一一对应，专利文献时滞也会影响分析数据，不同领域之间的专利数据选择需要谨慎。

文献计量方法的指标并不是取代专家评测，而是为了对研究工作进行观察和分析，从而使专家能掌握足够的信息，形成更充分的意见，并提高知识集成水平的权威性。

参考文献

[1] 邱均平.文献计量学［M］.北京：科学技术文献出版社,1988.

[2] 张影,巩杰,马学成,等.基于文献计量的近20多年来土地利用对土壤有机碳影响研究进展与热点［J］.土壤通报,2016,47（2）：480–488.

[3] 张燕舞,兰小筠.企业战略与竞争分析方法之———专利分析法［J］.情报科学,2003（8）：808–810.

[4] 姜慧敏.基于对比分析法的中美移动通信产业专利情报分析［J］.情报科学，2010,28（12）：1837–1840.

[5] 尤金·加菲尔德.引文索引法的理论及应用［M］.北京：北京图书馆出版社,2004.

第二章　农业学科分析

第一节　花生高油、高油酸品种选育文献计量研究

花生是世界上重要的油料经济作物，籽仁脂肪含量 50% 左右，脂肪酸组成中 80% 左右为油酸和亚油酸，油酸含量更高[1,2]。花生油酸不仅对人体在脂类代谢过程中有降低有害胆固醇、减缓动脉粥样硬化、预防心脑血管疾病发生等作用，而且油酸含量高，还能延长花生制品的货架期，提高花生制品的耐储性。随着人们膳食水平的提高，对高油、高油酸花生及其制品的需求越来越多，培育高油、高油酸含量花生品种成为当代育种家的主要目标之一。

为了解高油、高油酸含量花生的育种发展及其相关机理机制研究的动态，采用文献计量学的方法，以 Web of Science 数据库的检索结果为数据来源，利用 Citespace 软件，从国家、机构和作者分布、研究热点和进展及主要贡献作者和文献等方面进行可视化分析，以期从时间和空间维度了解花生高油、高油酸含量形成机理及品种选育领域的发展历程。

一、数据来源及研究方法

于 2018 年 6 月 27 日对 Web of Science 数据库进行检索。检索式：TS=（peanut* OR groundnut* OR Arachis OR hypogaea）AND TS=（high oil OR high-oil OR high oleic OR high-oleic），时间跨度为所有年份，共检索到 1 876 条信息，经人工筛选去掉与营养和疾病、生物资源、化工燃料、曲霉毒素等相关信息条，仅保留高油、高油酸花生品种资源及影响其脂肪含量和脂肪酸组成类信息条，最终得到 265 条相关数据，包括 Article 249 条、Proceedings paper 8 条、Review 8 条。

采用陈超美博士开发的 Citespace 软件[3,4]进行数据的可视化分析。

二、结果与分析

1. 国家分布

开展花生高油、高油酸育种及其形成机理研究的国家主要有美国、印度和中国，土耳其、日本、巴西、尼日利亚、尼日尔和阿根廷也有少量研究（图 2-1）。除土耳其和阿根廷外，其他几个国家间均存在一定的合作关系。印度是世界上花生种植面积最大的国家，其节点的中心性最高；美国和中国的突现性较高，分别在 2000—2011 年和 2013—2018 年出现发文量突增，表明美国和中国分别在这两个时段有关花生高油、高油酸育种及其机理研究的发文量大幅增加，间接说明如何提高油脂含量、改善脂肪酸组分、提高油酸含量和 O/L 值成为各国花生研究的热点。

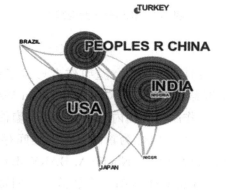

图 2-1 国家分布共现网络

2. 机构分布

从机构分布网络（图 2-2）可以看出，乔治亚大学（University of Georgia）、美国农业部农业科学研究院（USDA ARS, Agricultural Research Service, United States Department of Agriculture）、国际半干旱热带地区作物研究所（International Crops Research Institute for Semi-Arid Tropics, ICRISAT）、印度农业科技大学（University of Agricultural Sciences）的发文量较多，其次为中国农业科学院（Chinese Academy of Agricultural Science）、佛罗里达大学（University of Florida）、得克萨斯理工大学（Texas Tech University）、北卡莱罗纳州立大学（North Carolina State University）、山东省农业科学院。另外，国内的山东省花生研究所、南京农业大学、青岛农业大学也有文献被检索到。其中，USDA ARS、得克萨斯理工大学、ICRISAT、山东省农业科学院、乔治亚大学、印度农业科技大学的中心性较高，均在 0.10 以上；乔治亚大学的突现性最高，在 2009—2011 年发文量大幅增加。这些机构是开展花生高油、高油酸育种及机理研究的主要机构。

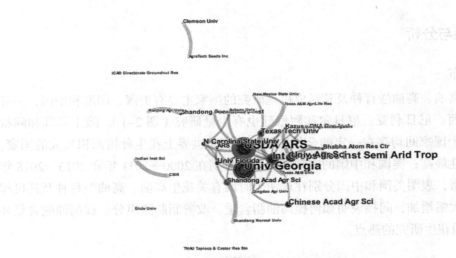

图2-2　机构分布共现网络

3. 作者分布

从作者分布网络（图2-3）可以看出，施引作者形成了多个合作团体，其中，以 NADAF H. L. 为首的合作网络较大，其次为以 Ming Li WANG、Roy N. PITTMAN、Noelle A. BARKLEY 为主的合作团体；国内，以姜慧芳、廖伯寿为主形成了一个较大的合作团体，且该团体与以 NADAF H. L. 为首的合作团体间存在合作关系。发文量依次以 Ming Li WANG、Roy N. PITTMAN、Noelle A. BARKLEY、NADAF H. L. 较多，其次为 Manish K. PANDEY、Ganapati MUKRI、姜慧芳、廖伯寿、Rajeev K. VARSHNEY、GOWDA M V. C.。

图2-3　作者合作共现网络

4. 研究热点分析

通过 Term Burst 检测，fatty-acid-composition、real-time-PCR、high-oleate-trait、high-oil 等是热点词。从关键词的 Timelines 展示（图2-4）可以看出，研究领域聚焦在 recombinant inbred line、high oleic acid peanut、*Escherichia coli*、*Saccharomyces cerevisiae*、transformation、quantitative trait loci、harvest date 七类，反映出研究主要集中在高油、高油酸花生的遗传育种及基因工程研究方面。

但不同时段的研究热点有所不同。20 世纪90 年代，主要集中在花生籽仁化学成分的分析上，包括脂肪含量、脂肪酸含量、蛋白含量。进入21 世纪后，研究重心开始向花生籽仁高油酸性状的基因工程方面倾斜，开始出现 desaturase、expression、high oleic acid、high oleate 等词。2005—2013 年，是花生高油、高油酸研究的多产阶段，涉及不饱和脂肪酸的氧化稳定性、相关性状的遗传分析、高油酸含量品种的选育及基因和基因组研究，出现 oxidative stability、linkage map、mini core、mutation、identification、genome、lipid、genotype、inheritance、registration、gene 等词。这一阶段也是花生基因、基因组研究大幅增长的阶段，在花生基因组测序方面取得巨大成就，国际花生基因组计划于2014 年4 月2 日宣布成功完成了世界上首个花生全基因组测序[5]。之后，文献量减少，研究重心仍主要集中在利用分子生物学手段改良花生脂肪品质方面，出现 oil quality、transformation、over expression、QTL 等词。另外，水分胁迫也是这阶段的一个研究热点，可能与受全球气候变化影响旱灾频发有关。

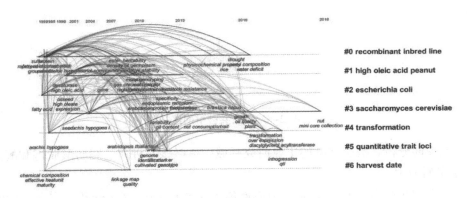

图2-4 关键词的时间线分布

5. 学科分布

基于 WoS 分类方法，对有关花生高油、高油酸育种及机理研究的学科进行分类，可以看出，主要集中在 Agriculture、Agronomy 和 Plant Sciences 三类中，其次在 Food Science & Technology、Chemistry、Agriculture（Multidisciplinary）、Applied Chemistry、Genetics & Heredity、Biotechnology &Applied Microbiology 中也有较多分布。

6. 共被引分析

从引文共被引网络（图 2-5）可以看出，Vassiliou E. K. 于 2009 年发表在 *Lipids in Health and Disease* 和 Barkley N. A. 于 2010 年发表在 *Molecular Breeding* 上的文献共被引频次最高，其次为 Gorbet D. W. 于 2009 年发表在 *Journal of Plant Registrations* 和 Chun Y. 于 2007 年发表在 *Crop Science* 上的文献，Sarvamangala C. 于 2011 年发表在 *Field Crop Research*、Chun Y. 于 2009 年发表在 *Crop Science*、Chen Z. B. 于 2010 年发表在 *Plant Molecular Biology Reporter* 及 Yu S. L. 于 2008 年发表在 *Journal of Genetics & Genomics* 上的文献共被引频次也较高。

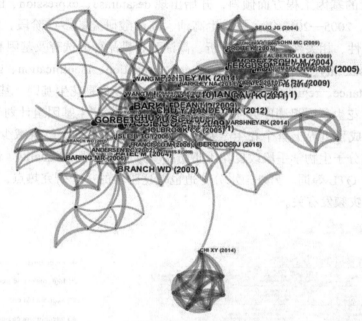

图 2-5　引文共被引网络

结合关键词分析，被引文献的主要研究领域，以微核心种质、脂肪酸脱饱和酶基因和BAC 末端序列为主。

中心性和突现性分析结果表明，中心性值大于 0.10 的四篇文献及具有突现性的一篇文章为花生高油、高油酸育种和机理研究的重要贡献论文。

Sigma 值是基于中心性和突现性计算得到的，中心性和突现性越高的节点论文，Sigma 值越高，Chu Y.（2007）的 Sigma 值最高，其突现性为 4.69，引用量在 2010—2011年间突增，该文主要研究了美国花生微核心种质中能导致高 O/L 的 *ahFAD2A* 突变的发生频率，并利用 DNA 序列分析确定了其突变等位基因[6]，为后续创制花生高油酸种质奠定了知识基础。

7. 作者共被引分析

利用共被引作者与主题词生成图谱后聚类，得到共被引作者及其研究领域分布图（图

2-6）。从被引频次、中介中心性、突现性及 Sigma 值角度对数据进行统计，Norden A. J.（1995）是花生高油、高油酸育种研究领域具有重要贡献的作者，其论文被引频次达 65 次，中心性值和 Sigma 值均最高。Moore K. M.（2000）的突现性最高，其次为 Jung S.（2004）和 *AOAC（美国分析化学家协会，1997），突现值均超过 5，突现年份分别为 2000—2010 年、2010—2011 年和 1997—2003 年，说明这 3 名作者或机构的论文在相应年份的被引量突增，间接反映出当时的研究热点。

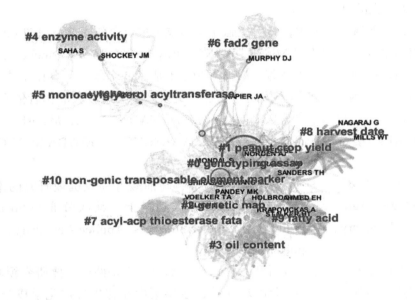

图 2-6　作者共被引网络

三、研究态势分析

基于文献计量学方法的 Citespace 网络图谱可以直观地展示出某一研究领域的作者、机构及国家分布，不同时段的研究热点及前沿，而且能够通过被引分析找到该领域研究的知识基础。

利用 Citespace 对采集于 Web of Science 数据库的文献数据进行可视化分析，以期找到有关花生高油、高油酸含量育种及其影响因素研究的知识基础和来源，明确其研究发展历程，了解不同时段的研究热点和研究前沿。结果发现，研究领域主要集中在高油、高油酸含量花生种质及其基因型、遗传图谱、脱饱和酶活性及其基因、生物和非生物因素对花生籽仁高油和高油酸含量及组成的影响等方面。

开展高油、高油酸含量花生育种及其机理研究的国家主要为美国、印度和中国，且三国间存在比较密切的合作关系。印度节点的中心性最高，而美国和中国的突现性较高，分别于 2000—2011 年和 2013—2018 年发文量明显增多。

乔治亚大学（University of Georgia）、美国农业部农业科学研究院（USDA ARS）、国际半干旱热带地区作物研究所（ICRISAT）、印度农业科技大学（University of Agricultural Sciences）为发文量前四的机构，其次为中国农业科学院、佛罗里达大学（University of Florida）、得克萨斯理工大学（Texas Tech University）、北卡莱罗纳州立大学（North Carolina State University）和山东省农业科学院。山东省花生研究所、南京农业大学、青岛农业大学也有该领域文献被检索到。其中，USDA ARS、得克萨斯理工大学、ICRISAT、山东省农业科学院、乔治亚大学、印度农业科技大学是开展花生高油、高油酸含量种质选育及影响因素研究的重要机构。

从作者分布网络可以看出，施引文献作者形成了多个合作团体，以 NADAF H. L. 为首的合作网络最大，其次为以 Ming Li WANG、Roy N. PITTMAN、Noelle A. BARKLEY 为主的合作团体；国内，以姜慧芳、廖伯寿为主形成了一个较大的合作团体，且该团体与以 NADAF H. L. 为首的合作团体间存在合作关系。发文量较大的作者依次为 Ming Li WANG、Roy N. PITTMAN、Noelle A. BARKLEY、NADAF H. L.，Manish K. PANDEY、Ganapati MUKRI、姜慧芳、廖伯寿、Rajeev K. VARSHNEY、GOWDA M. V. C. 等的发文量也较多。

基于 WoS 分类方法，SCI 中有关花生高油、高油酸育种及机理研究的论文主要分布在 Agriculture、Agronomy 和 Plant Sciences 三个学科上，其次分布在 Food Science & Technology、Chemistry、Agriculture（Multidisciplinary）、Applied Chemistry、Genetics & Heredity、Biotechnology &Applied Microbiology 上。

高油、高油酸花生的遗传分析和品种选育、基因工程是两个主要研究领域，但不同时段的研究热点有所不同。20 世纪 90 年代，主要集中在花生籽仁化学成分的分析上，包括脂肪含量、脂肪酸含量、蛋白含量。进入 21 世纪后，研究重心开始倾向于花生籽仁高油酸的基因工程研究。2005—2013 年，是花生高油、高油酸研究论文高产出阶段，涉及不饱和脂肪酸的氧化稳定性、相关性状的遗传分析、具有高油酸含量品种的选育及基因和基因组研究。这一阶段也是花生基因、基因组研究大幅增长的阶段，在花生基因组测序方面取得巨大成就，2013 年由我国科学家牵头全球首次完成花生二倍体野生种的全基因组测序。之后，文献量减少，研究重心仍主要在利用分子生物学手段改良花生脂肪品质方面，另外，水分胁迫也是该阶段的一个研究热点，可能与近年来受全球气候影响旱灾频发有关。

通过文献和作者共被引分析，可以了解研究领域的知识基础，即前人做了哪些研究，并可以找出重要贡献文献和作者。结果显示，花生高油、高油酸品种选育及其机理研究的知识基础可以聚焦为微核心种质、BAC 末端序列、脂肪酸脱饱和酶基因、甘油二酯酰基转移酶、多重抗性、产量、高油酸性状、独立突变体种群等方面，表明前人在高油、高油酸种质筛选、遗传分析、调控脂肪酸饱和程度相关酶的研究方面积累了理论知识，为高油脂、高油酸含量花生品种选育及利用分子生物学手段进行深入研究奠定了基础。Chu Y. 于 2007 年发表在 Crop Science（花生微核心种质 FAD2A 突变体[6]）、Sarvamangala C. 于 2011 年发表在 Field Crops Research（花生油脂含量和品质 QTLs[7]）、Ravi K. 于 2011 年

发表在 *Theoretical and Applied Genetics*（花生抗旱相关 QTLs[8]）、Bertioli D. J. 2016 发表在 *Nature Genetics*（花生二倍体野生种的基因组测序[9]）等论文为花生高油、高油酸育种及其机理研究的主要贡献文献。Norden A. J.、Jung S.、Moore K. M.、Branch W. D.、Pattee H. E. 是主要贡献作者。

参考文献

［1］陈静. 高油酸花生遗传育种研究进展［J］. 植物遗传资源学报，2011,12（2）：190-196.

［2］迟晓元，陈明娜，潘丽娟，等. 花生高油酸育种研究进展［J］. 花生学报,2014,43(4): 32-38.

［3］CHEN C. Citespace Ⅱ :detecting and visualizing emerging trends and transient patterns in scientific literature［J］. Journal of the American Society for Information Science and Technology,2006, 57（3）: 359-377.

［4］CHEN C. Searching for intellectual turning points: progressive knowledge domain visualization［J］. Proc. Nat. Acad. Sci., 2004, 101(Suppl.): 5303-5310.

［5］乔地，花生二倍体野生种全基因组测序完成［N］. 科技日报，2014-4-3（5）.

［6］CHU Y, RAMOS L, HOLBROOK C C, et al. Frequency of a loss-of-function mutation in oleoyl-PC desaturase (*ahFAD2A*) in the mini-core of the U.S. peanut germplasm collection ［J］. Crop Science, 2007, 14: 2372-2378.

［7］SARVAMANGALA C, GOWDA M V C, VARSHNEY R K, et al. Identification of quantitative trait loci for protein content, oil content and oil quality for groundnut (Arachis hypogaea L.)［J］. Field Crop Res., 2011, 11: 49-59.

［8］RAVI K, VADEZ V, ISOBE S, et al. Identification of several small main-effec QTLs and a large number of epistatic QTLs for drought tolerance related traits in groundnut (Arachis hypogaea L.)［J］. Theor. Appl. Genet., 2011, 122: 1119-1132.

［9］BERTIOLI D J, CANNON S B, FROENICKE L, et al. The genome sequences of Arachis duranensis and Arachis ipaensis, the diploid ancestors of cultivated peanut［J］. Nature Genetics, 2016, 48（4）: 438-446.

第二节　花生栽培文献计量研究

花生（peanut），原名落花生（学名：*Arachis hypogaea* Linn.），是我国产量丰富、食用广泛的一种坚果，且具有促生长、抗衰老、止血造血和增强记忆等功能，为人们提供高品质的植物油和优质的蛋白资源，在我国得到了大面积种植，世界范围内主要分布于巴西、中国、埃及等地。同时，花生是我国重要的经济作物，也是我国重要的油料作物。我国是世界最大的花生生产国和消费国。我国花生生产形势良好，但也面临着黄曲霉、叶斑病、青枯病等一系列病害问题，严重影响花生产业的健康发展。

由于花生的生长习性较为特殊，对生长环境有着较高的要求，种植地区如何科学种植花生尤为关键。为了解全球花生栽培领域的科研发展态势，以 Web of Science 为数据源，采用文献计量学方法，利用 Citespace 软件分析花生栽培领域的学科发展动态和研究热点。

一、数据来源

研究数据来源于 Web of Science 核心合集中的 Science Citation Index Expanded（SCIE，即科学引文索引），以检索花生栽培领域国际上和国内发文情况。其中，检索条件设置情况如下：检索项选择主题检索，检索式为 "(groundnut OR peanut) AND (cultivation OR culture OR cultivator OR growing)"。为了对全球花生栽培领域的发文趋势有全面的了解，文献发文量的数据跨度为全部年份，共计检索到 4 200 条记录；其余部分都是选择近 10 年（2011—2020 年）的数据进行分析，共计检索到 1 821 条记录。检索日期为 2021 年 11 月 7 日。

二、检索结果分析

（一）发文量分析

从花生栽培领域的文献发文趋势看，花生栽培领域的文献最早发表在国际刊物上的时间可追溯到 1940 年；1990 年之前发文较少，1990 年之后发文量逐渐增加，并于 1993 年达到一个小高峰；1993 年之后发文趋缓，直到 2019 年发文量达到顶峰。国内花生栽培领域发文最早始于 1981 年，整体发文呈递增趋势；1981—1990 年以及 2003—2017 年，花生栽培领域的国内发文量超越了国际发文总量，但在 1991—2002 年以及 2018 年以后，国内发文量低于花生栽培领域的国际发文量。从总体发文量趋势来看，在花生栽培领域，无论是国际发文量还是国内发文量，都经历了缓慢增长到快速增长再逐渐变缓的过程，符合一个学科领域随着研究的深入，成果产出量随之增长的发展趋势。

（二）国家／地区分布

从全球花生栽培领域作者发文国家／地区看，花生栽培领域通讯作者的发文国家／地区共计 87 个，发文量不低于 20 篇的国家／地区共计 23 个；其中发文量超过 300 篇的国家／地区共计 3 个，分别为中国、美国和印度。花生栽培领域第一作者的发文国家／地区共计 88 个，发文量不低于 20 篇的国家共计 17 个；其中发文量超过 300 篇的国家／地区共计 3 个，分别为美国、中国和印度。此外，巴西、阿根廷、澳大利亚、巴基斯坦、土耳其等国家在花生栽培领域也占有一席之地。

（三）文献所属学科分析

全球花生栽培领域所属的 Web of Science 学科类别共计 123 个，其中，发文量不低于 20 篇的学科共计 32 个；发文量不低于 50 篇的学科共计 13 个；发文量过百篇的学科共计 7 个，分别为：Microbiology（微生物学）111 篇、Environmental Sciences（环境科学）121 篇、Agriculture Multidisciplinary（农业 – 多学科）143 篇、Biotechnology Applied Microbiology（生物技术与应用微生物学）173 篇、Food Science Technology（食品科学技术）236 篇、Plant Sciences（植物科学）322 篇和 Agronomy（农学）383 篇。全球花生栽培领域发文主要集中在农学、植物科学和食品科学等研究领域，发文共计 941 篇，占全球花生栽培领域发文总量的 50.98%；生物技术与应用微生物学、微生物学、环境科学、农业 – 多学科等研究领域发文也较多，发文共计 548 篇，占全球花生栽培领域发文总量的 29.69%；在其他 116 个学科领域的发文总占比不足 20%，这也说明了全球花生栽培领域是一门综合性的科学，其发文也逐步向跨学科、多学科等方向尝试。

（四）发文机构分析

1. 发文机构数分析

全球花生栽培领域发文量排名前 3 位的机构分别为：印度农业研究理事会（120 篇）、美国农业部（108 篇）和国际农业研究磋商组织（87 篇）。国内花生栽培领域发文量不低于 20 篇的机构共计 6 个，分别为：中国科学院（44 篇）、中国农业科学院（42 篇）、中国农业大学（32 篇）、山东省农业科学院（23 篇）、山东省花生研究所（22 篇）和山东农业大学（20 篇）。国内研究花生栽培领域的机构发文量远远低于国际上研究花生栽培领域的顶尖机构，仍需进一步提升国内花生栽培研究领域研究机构在国际上的科研影响力。

2. 机构合作网络分析

采用 Citespace 软件对全球花生栽培领域的文献进行了机构合作网络的分析。在 Citespace 的参数设置中时间跨度选择"2007—2021 年"，时间切片设置为 1 年，节点类型选择"Institution"、TopN（N=50），被引频次阈值不低于 20 次，其他参数设置为系统默认，点击运行后生成机构共现网络分析图谱（图 2-7）。机构合作网络图谱中节点间的连线及其粗细分别表示研究机构间的合作及其密切程度。结合文献发表的机构图谱，同区域内研究机构之间连线较多，合作关系密切，并形成了两大国际研究机构群，分别是以乔治亚大学、佛罗里达大学、美国农业部农业研究局为核心的研究机构群和以国际热带半干旱地区作物研究所、美国农业科学研究院为核心的研究机构群。国内花生栽培领域的研究机构主要集中在中国农业科学院、中国科学院、中国农业大学、山东省农业科学院、山东农业大学、山东省花生研究所等，但国内研究机构群之间的合作较为分散，因此，国内花生栽培领域的研究应加强与国际机构以及国内各机构间的合作联系。

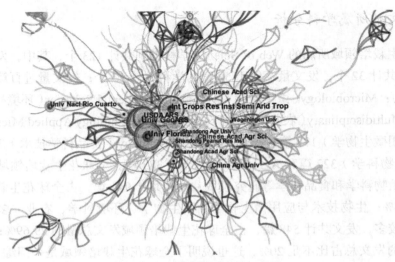

图 2-7　机构共现网络分析图谱

（五）高水平论文分析

ESI 高水平论文包括 ESI 高被引论文和 ESI 热点论文，它反映了某一学科领域的科研发展力，是学科保持发展优势的重要标志。其中，高被引论文主要是指某一学科在过去 10 年 2 个月至 11 年所发表的论文中，其总被引频次排在同学科、同年份全球前 1% 的论文；热点论文主要是指过去两年所发表的论文中，其总被引频次在最近两个月内排在同学科、同年份全球前 0.1% 的论文。

1. 高被引论文发文机构分析

全球花生栽培领域的高被引论文共计 19 篇，19 篇高被引论文的通讯作者所在的国家有 8 个。高被引论文数最多的国家是中国（6 篇），分别隶属于 3 个机构（中国科学院、中国农业大学和山东省花生研究所），其中，中国科学院有 3 篇高被引论文，占中国花生栽培领域高被引论文总数的一半。其次为美国和印度（各 4 篇），美国的 4 篇高被引论文分别隶属于 4 个机构（北达科他州立大学、马萨诸塞大学、西奈山伊坎医学院和康奈尔大学）；而印度的 4 篇高被引论文也分别隶属于 4 个机构（印度乔杜里德维拉尔大学、印度农业研究理事会、印度化学技术研究所和印度理工学院）。其余 5 篇高被引论文分别分布在意大利、爱尔兰、西班牙、新西兰和加拿大 5 个国家。

2. 高被引论文出版物分析

全球花生栽培领域高被引论文中被引频次排名前三位的论文分别为 *Food allergy: Epidemiology, pathogenesis, diagnosis, and treatment*、*Corn growth and nitrogen nutrition after additions of biochars with varying properties to a temperate soil* 和 *Effect of nanoscale zinc oxide particles on the germination, growth and yield of peanut*，被引频次分别为 821 次、434 次和 378 次，分别发表在 *Journal of Allergy and Clincal Immunology*、*Biology and Fertility of Soils* 和 *Journal of Plant Nutrition*，文章发表当年的期刊所属 JCR 分区依次为 Q1 区、Q1 区和 Q4 区。通过查阅高被引论文，可以帮助科研人员了解花生栽培领域经典、有影响力的文献，同时还可以通过高被引论文的参考文献，了解相关研究领域的发展脉络，通过高被引论文的施引文献，掌握相关领域的最新发展态势，为后续的研究奠定科研基石。

（六）基金资助来源分析

全球花生栽培领域文献基金主要资助来源绝大多数为国家级的机构与项目，可见各国对花生栽培领域研究的推进和发展非常重视，中国、美国、印度、巴西、阿根廷等国均对该研究领域给予了高度支持。

就基金资助机构而言，美国机构共计 5 个，居各国之首，其基金资助机构名称及其发文量分别为：美国卫生与人力资源服务部（57 篇）、美国国立卫生研究院（55 篇）、美国农业部（53 篇）、美国国家过敏和传染病研究所（31 篇）和比尔及梅琳达·盖茨基金会（20 篇）。中国、印度和巴西机构数均为 3 个。中国的基金资助机构名称及其发文量分别为：中国国家自然科学基金项目（194 篇）、中国国家重点研发计划（24 篇）和山东省自然科学基金（24 篇），值得一提的是，山东省自然科学基金作为省级基金，在众多国际级、国家级基金资助机构中尤为亮眼。巴西的基金资助机构名称及其发文量分别为：巴西国家科学技术发展委员会（41 篇）、巴西高等教育人才促进协调会（30 篇）和巴西圣保罗州研究支持基金会（22 篇）。印度的基金资助机构名称及其发文量分别为：印度农业研究理事会（31 篇）、印度科学技术部（23 篇）和印度教育资助委员会（22 篇）。

就发文量而言，中国机构累计发文 242 篇，排名第一；美国机构累计发文 216 篇，排名第二；巴西机构累计发文 93 篇，排名第三。由此可见，中国在基金资助方面对花生栽培领域相当重视，尤其是中国国家自然科学基金委员会的资助文献量遥遥领先于其他机构，为我国花生栽培领域提升国际影响力奠定了良好基础。

（七）研究趋势及热点分析

1. 研究趋势分析

为呈现全球花生栽培领域研究的发展进程，应用 Citespace 的时区视图对关键词进行分析，结果见图 2-8。图中按照时间顺序将关键词出现的节点及节点联系进行呈现，节点大小表示关键词出现的频次，节点所在位置为关键词首次出现的时间，连线表示同一文献不同关键词的联系。从关键词共现来看，不同的时间段研究主题的侧重点不同，2007—2013 年作为花生栽培领域的研究初期，主要集中在 growth（增长率）、yield（产量）、peanut（花生）、management（管理）、soil（土壤）、temperature（温度）等影响花生生长习性的外部因素；2015—2018 年，研究主题逐渐向 biocontrol（生物防治）、degradation（降解作用）、variability（多样性）、oxidative stress（氧化应激）等领域转移；2019 年以来，研究关键词多集中在 toxicity（毒素）、plant growth（植物生长）、phenolic compounds（酚类化合物）、classification（分类）、molecular characterization（分子表征）等研究方向。

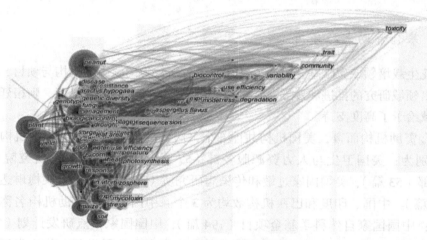

图 2-8　关键词共现时区图谱

2. 研究热点分析

从全球花生栽培领域的高频突变词看，2011—2013 年的主要突现词是 carbon isotope discrimination（碳同位素的鉴别）、arachis hypogaea（花生）和 contamination（污染）；2013—2015 年主要是 strain（品系）、temperature（温度）、aspergillus flavus（黄曲霉）、anaphylactic reaction（过敏反应）、drought（干旱）、irrigation（灌溉）和 population（人口）；2014—2018 年主要是 parasiticus（寄生虫）、biological control（生物防治）、product（产量）、cultivated peanut（花生栽培）、oxidative stress（氧化应激）、tolerance（公差）和 arachis hypogaea 1（花生）；2018—2021 年主要是 productivity（生产率）、trait（特征）、use efficiency（使用效率）、acid（酸性）、community（共同体）、sequence（序列）、impact（影响因素）和 nitrogen（氮）。

三、研究态势分析

以 Web of Science 核心合集中的 SCIE 为数据源对花生栽培领域的相关文献进行检索，采用文献计量学对文献发文量、发文国家 / 地区、文献所属学科、发文机构、高水平论文、基金资助机构、研究趋势及热点等指标进行分析，结论如下：自 1940 年以来，花生栽培领域有记录的文献共计 4 200 条，通过文献发文趋势不难看出，无论是国际发文量还是国内发文量，都经历了缓慢增长到快速增长再逐渐变缓的阶段，尤其是近年来花生栽培领域的研究得到科研工作者持续而广泛的关注。利用 2011—2021 年 11 年的数据分析了花生栽培领域文献的发文国家 / 地区、学科、高水平论文、基金资助机构、研究趋势及热点等指标数据。通过发文国家 / 地区可以看出，中国、美国和印度在花生栽培领域的研究远超过其他国家。花生栽培领域的文献主要分布在农学、植物科学和食品科学等研究领域，生物技术与应用微生物学、微生物学、环境科学、农业 – 多学科等研究领域发文也较多，并呈现逐步向跨学科、多学科等方向尝试的趋势。花生栽培领域发文量排名前 3 位的机构分别为是印度农业研究理事会、美国农业部和国际农业研究磋商组织，通过国内外机构发文量的对比可以看出，国内研究花生栽培领域的机构发文量还远远低于国际上研究花生栽培领域的顶尖机构，仍需进一步提升国内花生栽培研究领域在国际上的科研影响力。同时，利用 Citespace 软件分析了机构合作情况，形成了以乔治亚大学、佛罗里达大学、美国农业部农业研究局为核心的研究机构群和以国际热带半干旱地区作物研究所、美国农业科学研究院为核心的研究机构群，但国内研究机构群之间的合作较为分散。在高水平论文方面，我国的高被引论文数居各国之首，这也意味着我国花生栽培研究有较高的影响力。全球花生栽培领域文献基金主要资助来源绝大多数为国家级的机构与项目，可见各国对花生栽培领域研究的推进和发展非常重视，中国、美国、印度、巴西、阿根廷等国均对该研究领域给予了高度支持。我国的花生栽培领域在国家基金的大力支持下，无论是发文数量还是发文质量都在稳步推进，尤其是高被引论文数在全球占有一席之地，但是仍需要加强国内机构以及与国际机构的协作，通过跨学科、跨领域、跨机构的合作与创新，为花生栽培领域的研究创造新契机。

第三节　甘薯栽培文献计量研究

甘薯是我国主要的粮食作物之一。甘薯营养丰富，含有大量的淀粉、糖、蛋白质、膳食纤维及多种维生素、矿物质。随着经济的发展和人民生活水平的提高，甘薯的营养保健功能逐渐被人们所认知，对鲜薯的消费量逐年增加，农民种植甘薯的积极性进一步提高。甘薯栽培技术的进步是提高甘薯产量和质量的重要保障，对农民增收更是意义重大。从文献计量的角度，对国内外甘薯栽培学科进行分析，探讨学科研究前沿与热点，为国内甘薯栽培学科的研究与发展提供理论借鉴。

一、国外文献分析

在 Web of Science 核心合集中构造检索表达式 TS=((sweet potato* or sweetpotato*) AND (storage root OR yield OR roots OR root zone OR source-sink relationship OR water OR fertilizer OR nitrogen fertilizer OR phosphate fertilizer OR potassium fertilizer OR chemical fertilizer OR organic fertilizer OR green manure OR bacterial manure OR micronutrients fertilizer OR virus-free OR cultivation OR density OR ridge OR mulching film OR Light simplified OR drought OR drough tolerance OR alkali OR salt OR flood injury OR freezing injury OR cropping system OR planting system OR rotation system OR interplant OR intercropping OR uniconazole OR paclobutrazol OR chlormequat OR diethyl aminoethyl hexanoate OR chemical regulation OR high temperature OR shading OR antioxidant OR low oxygen OR hydroponically grow OR mepiquat OR DPC OR brassin OR agronomic OR soil OR nutrient OR physiological)) NOT TS=(breeding OR disease OR pest OR processing OR machining)，时间跨度选择为 2008—2018 年，利用分析工具对数据进行去重，最终得到与甘薯栽培学科相关的 SCI 文献共 1 881 篇，结合使用文献计量分析工具 Citespace 和 VOSviewer 展开以下分析。

1. 发文量年份分布

10 多年来，甘薯栽培学科相关的 SCI 文献数量总体呈现上涨趋势，2008 年仅发表 126 篇文献，到 2018 年时，发文量达到 218 篇，大约上涨 73%，仅从发文量上看，近几年甘薯栽培学科研究热度仍然居高不下。具体来看，2008—2014 年发文量增长缓慢，年均保持在 150 篇左右，2015 年的发文量快速上升，与 2014 年相比增长大约 23%，为历年增长率之最，此后，每年发表文献数量均超过 200 篇，2017 年是 10 年中发表相关文献最多的一年，数量为 233 篇，由此可见，2015 年与 2017 年是国际上甘薯栽培学科发展的重要增长点，值得重点关注。

2. 国家 / 地区分布

共有 114 个国家 / 地区发表过甘薯栽培学科相关的 SCI 文献。中国作为农业大国，发文量为各国之首，共发表 497 篇文献，美国位列第二，共发表 307 篇文献，中美两国发表的文献共占文献总数的 42%，接近全球发文量的一半，远远超过其他国家和地区，说明甘薯栽培学科这两国研究实力在国际上不容小觑。除此之外，发表文献超过 100 篇的国家 / 地区还有：韩国 (148 篇)、日本 (144 篇)、巴西 (119 篇)、印度 (104 篇)，也展现出了良好的农业科研实力。

利用 VOSviewer 分析各个国家/地区之间的合作关系，形成国家/区合作关系图（图 2-9）。节点之间存在连线意味着两个国家/地区之间产生了合作，连线的粗细代表合作的频次。美国虽然发表文献的数量少于中国，但是与 47 个国家/地区产生过文献方面的合作，而中国仅与 34 个国家/地区合作过，从合作的广泛性角度来看，我国仍需进一步加强。其他合作比较多的国家还有：德国 (29 个)、英国 (25 个)、法国 (24 个)、澳大利亚 (22 个)。另外，同一颜色的点被归为一类，即合作密切。图中最为突出的网格点形成的合作区域中大部分为亚洲国家，这也就说明，身处于同一个大洲的国家之间合作会比洲际国家之间的合作更加密切。

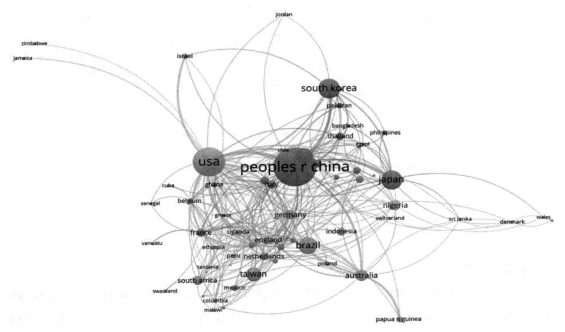

图 2-9　国外文献国家/地区合作关系

3. 机构分析

共有 1 678 家机构发表过与甘薯栽培学科相关的文献。中国农业科学院发文最多，共有 60 篇，其余发文数量超过 50 篇的机构还有：韩国生物科学研究所、北卡罗来纳大学、中国农业大学、美国农业部。从这些机构的分布来看，大都分布在亚洲和美洲。实际上，亚洲与美洲均为世界甘薯的重要产地，由此可见，农业研究内容与当地农作物品种有较强的相关关系。利用 Citespace 绘制机构共现知识图谱（图 2-10），可以看出甘薯栽培学科国际研究机构之间的交流与合作比较密切。

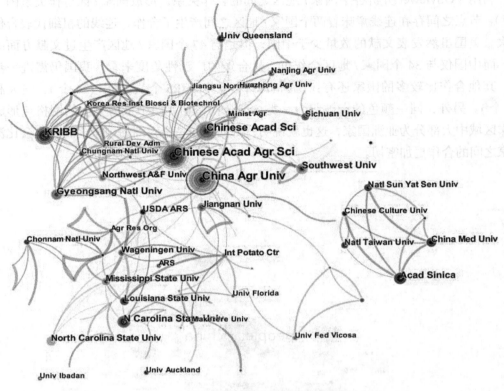

图 2-10 国外文献机构共现知识图谱

4. 期刊分析

经统计，共有 607 种期刊发表过甘薯栽培学科相关的 SCI 文献。*FOOD CHEMISTRY* 载文量最多，为 60 篇，其次为 *HORTSCIENCE*，共刊载 51 篇相关文献，二者为载文量较大的期刊，其余均少于 50 篇。影响因子最高的期刊为 *FOOD HYDROCOLLOIDS*，数值达到 5.089，*FOOD CHEMISTRY* 影响因子也较高，为 4.946。另外，还有两种期刊的影响因子超过了 3。整体来看，大部分期刊都在 JCR 的 Q1 和 Q2 分区，这说明甘薯栽培和育种的相关文献质量高，影响力大。

5. 关键词分析

关键词是查找文献的重要检索点，是文献主旨的精练，高频关键词常被视为一个领域的研究热点。中心度代表节点之间联系的紧密程度，中心度高的节点往往与其他节点有着密切的联系。利用 Citespace 统计出甘薯栽培学科相关 SCI 文献的关键词，高频关键词除了甘薯以及甘薯的类似表达外，还有 plant、starch、physicochemical property 等，说明甘薯的种植问题、淀粉含量、理化特征在大多数研究中起到了桥梁性的作用。另外，高频关键词的出现年份几乎都为 2008 年，这说明近几年刚刚兴起的关键词还未成为研究的热点和主流。通过绘制关键词时间序列图谱寻找学科研究前沿（图 2-11），聚合形成六大类，可以在一定程度上代表学科研究的前沿问题，分别为 sweet potato（甘薯）、starch（淀粉）、purple sweet potato（紫甘薯）、drying（干旱）、ipomoea batatas（甘薯）、fermentation（发酵）。近两年的突现高频词还包括 polysaccharide（多糖）、resistant starch（抗淀粉性）、abiotic stress（非生物胁迫）、variety（多样化）、storage root（贮藏根）、phenolic compound（酚类化合物）、management（管理）等。

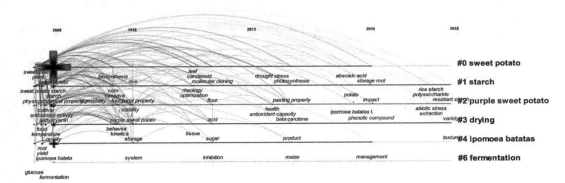

图 2-11　国外文献关键词时间序列图谱

6. 被引情况分析

截至 2018 年，经统计，所有检索出文献的 h 指数为 51，即有 51 篇相关文献的被引次数不少于 51 次，这说明该学科文献的质量比较高。平均每篇文献被引次数为 9.6 次，被引频次总计 18 122 次（去除自引为 16 039 次），施引文献 14 519 篇（去除自引为 13 704 篇）。从 2008 年到 2018 年，被引量一直呈直线增长，原因除了发文量的持续增多外，另一个重要的原因就是文献的活跃程度一直较高，10 年前的文献到如今依然在被大量引用。2018 年，被引量达到顶峰，为 3 670 次。

甘薯栽培学科被引量前 10 位的文献中，中国、巴西、西班牙各有 2 篇，加拿大、以色列、美国和土耳其分别有 1 篇。最高被引的 1 篇文献为我国发表，被引次数为 197 次，产生了极大的影响力。另外，排名第 6 和排名第 9 的文献为 2014 年发表，在 4 年的时间内能够被引次数达到 100 左右，十分难能可贵。

通过共被引文献聚类获取国外甘薯栽培学科研究热点，聚合后形成共被引文献聚类知识图谱（图 2-12），研究热词有 purple sweet potato（紫甘薯）、salt and drought tolerance（耐盐耐旱性）、antioxidative enzyme（抗氧化酶）、sweet potatoes（甘薯）、crop tolerance（作物抗性）、storage roots（贮藏根）、cysteine protease（半胱氨酸蛋白酶）、starch（淀粉）等，可以看出研究热点和研究前沿之间存在交叉。

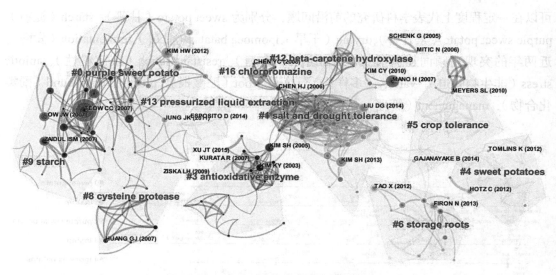

图 2-12　国外文献共被引聚类知识图谱

二、国内文献分析

以《中国学术期刊全文数据库》（CNKI）作为数据源，使用专用检索，检索表达式设置为：SU=('块根'+'产量'+'品质'+'根系'+'水分'+'氮'+'钾'+'磷'+'栽培'+'密度'+'地膜'+'栽插'+'旱'+'盐'+'涝'+'冷'+'轮作'+'间作'+'套作'+'烯效唑'+'多效唑'+'矮壮素'+'胺鲜酯'+'化学控制'+'高温'+'遮阴'+'抗氧化'+'低氧'+'水培'+'缩节胺'+'芸薹素'+'垄'+'生长'+'发育'+'农艺'+'土壤'+'绿色'+'养分'+'生理'+'高产')*'甘薯'-'育种'-'病害'-'虫害'-'加工'，数据库来源类别为"学术期刊"跨库检索，时间跨度选择为 2008—2018 年，对结果数据进行清洗，得到有效文献 2 768 篇，以此作为中文文献的研究样本。

1. 发文量年份分布

近 10 年来，国内甘薯栽培学科发文量整体呈现稳中有升趋势，2016 年发文量达到峰值，为 297 篇，其他年份的发文量均未出现大幅度波动，发文量数据走势说明甘薯栽培学科已经经过萌芽期和快速发展期，现已逐渐进入平稳发展的成熟期，发文情况从追求高量向追求高质转变，是一个学科走向成熟的重要标志。

2. 作者分析

国内研究甘薯栽培学科的学者中，发文量最高的作者共发文 69 篇，根据普赖斯定律 $N=0.749\sqrt{\eta_{max}}$，$\eta_{max}=69$（最高产作者的发文量），核心作者发文量为 6 篇以上，共有 118 位作者。利用 Citespace 绘制作者分布知识图谱（图 2-13），可以发现国内学者中心度均较低，仅有少部分学科带头人的中心度数值接近 0.1，并且图中各节点之间合作网络松散，高密度的合作网络大多出现于单个研究机构或科研团队内部，说明国内学者之间缺少密切合作，跨单位的成果互动和交流需要进一步加强。

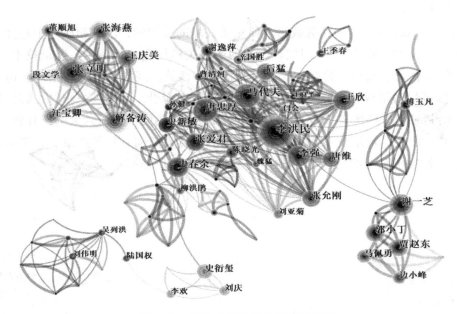

图 2-13　国内文献作者分布知识图谱

3. 机构分析

国内研究甘薯栽培学科的机构中，发文量最高的为山东省农业科学院作物研究所，共51 篇。省级农科院中，发文量 10 篇以上的还有江苏省农业科学院、湖北省农业科学院、浙江省农业科学院以及四川省农业科学院等。利用 Citespace 绘制机构分布知识图谱（图2-14），各机构中心度均较低，合作网络稀疏，需进一步密切机构间合作关系。

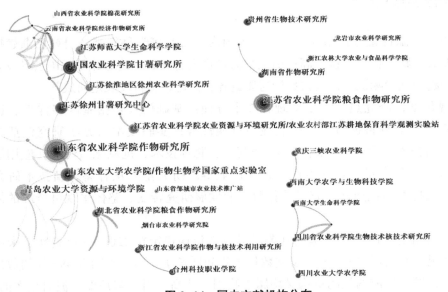

图 2-14　国内文献机构分布

4. 关键词分析

利用 Citespace 统计国内甘薯栽培学科相关文献的关键词，出现频次和中心度最高的关键词均为研究主题概念名词"甘薯"，其他高频关键词还包括产量、栽培技术、品质、紫甘薯、脱毒甘薯、选育、薯苗、产量以及特征特性等。高频关键词的出现年份大多为2008 年，仅可代表学科的研究重点，但无法体现研究前沿，因此进一步对关键词进行时间序化，绘制时间序列图谱（图 2-15）。近两年的研究热词可分为六大类：甘薯、产量、根系、抗氧化活性、栽培技术及高产栽培技术；突现关键词有甘薯产量、甘薯生产、施肥、脱毒、蔓割病等，这些关键词可在一定程度上代表研究热点。

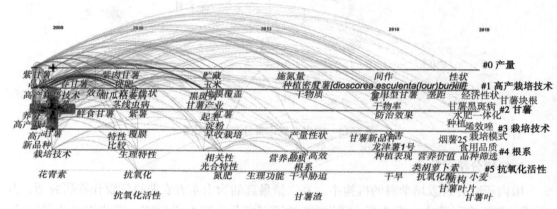

图 2-15 图内文献关键词时间序列图谱

三、研究态势分析

基于以上文献计量分析结果，可以看出国内甘薯栽培学科领域的研究已渐趋接轨国际，不仅发文量跃居世界首位，高被引文献数量也大有突破，这意味着我国公开发表的学术成果越来越得到国际认可，发文数量与质量齐头并进，学科发展走向成熟。

从宏观角度，研究热点主要体现在 3 个方面：基础研究包括基因多样性、选择育种、杂交育种、品种特征特性、抗病性与抗逆性等；实验技术与方法研究包括高产栽培、配套栽培技术、营养液膜栽培、植株调整、脱毒技术、抗氧化活性等；应用研究包括甘薯品种、甘薯产量、甘薯生产、甘薯产业等。研究重点从甘薯种植技术研究向高产、稳产、抗病性与抗逆性研究以及甘薯产业发展研究转变，整体呈现可持续的健康发展态势。

从发文量角度，10 年来，国内甘薯学科发文年均稳定在 220 ~ 300 篇次，未出现大起大落的情况，而国际方面，SCI 发文数量十年间增长了 1 倍，中国以 497 篇的数量遥遥领先，同时，发文量前两位的机构又均属于我国，从高被引文献角度，被引频次前 10 位的作者有两位为中国人。从这些统计数字可以清晰地看到，近年来我国甘薯学科在国际上已崭露头角并呈现良好的发展势头，如此卓越的国际表现力印证着我国正在从农业大国向农业强国迈进。然而从科研合作角度，国内的机构与学者的中心度均较低，没有明显优势，需要在将来的研究中加以重视，增强科研走出去能力，敞开学术研究的大门，加强与国内外的交流与合作，取长补短，才能百尺竿头，更进一步。

第四节　小麦遗传育种文献计量研究

　　小麦是世界范围内种植面积最广、产量较多、贸易额最高的主要粮食作物，在我国，小麦的种植面积和产量均占我国粮食作物的 1/4 左右。最早的小麦遗传育种始于 19 世纪中叶，到 20 世纪初孟德尔定律重新发现之后，这项研究才开始快速发展起来，从育种目标的选定，到亲本的选择、组合配置以及后代的处理，各项实验技术与方案都得到了完善，并取得了较大成就。早期的育种工作主要侧重于对自然变异进行选择育种，经过几百年的发展，已逐步形成了以杂交育种为中心，远缘杂交、诱变育种、倍性育种、优势利用等相结合的多种育种途径，也选育出了许多适宜不同地区高产、稳产的优质品种，对小麦产量的提高起到了重要的作用[1]。

　　当前，小麦遗传育种的研究方向主要有：按照穗粒数和粒重的增加来筛选单穗生产力，HU 等通过近等基因系对特定的位点扩增片段测序鉴定发现，位于 7A 染色体上的 *TATGW-7A* 对于提高小麦千粒质量有着重要的作用[2]；聚合品种对病害的抗性，实现综合抗病性育种，DAKOURI 等利用来自 42 个国家的 275 个小麦材料分析小麦种苗期和成株期叶锈病抗性特征，聚合了多种抗叶锈病基因的材料抗性稳定，发现 *Lr34* 是小麦成株期最重要的持久的抗叶锈病基因[3]；以优质麦为代表的品质改良育种，陈雪燕等从传统贮藏蛋白的研究现状入手，综述了目前新发现的与小麦加工品质相关的贮藏蛋白和基因的研究进展[4]；远缘杂交改良基因，王红日等从长穗偃麦草种属及基因组构成、长穗偃麦草高分子量谷蛋白 (HMW–GS) 在小麦遗传改良中的应用和长穗偃麦草 HMW–GS 与小麦 HMW–GS 的遗传关系 3 个方面进行了综述[5]；小麦数量性状位点（QTL）定位和标记性状关联分析，ALLEN 等对世界范围内的 5 种六倍体面包小麦群体进行 SNP 位点筛选，发现了 225 001 个用于构建遗传图谱的 SNP 标记[6]。

　　采用文献计量学方法，从发文的年代分布特点、发文国家、机构、期刊及作者的分布情况、发文的关键词和主题词统计情况、研究热点与前沿等方面，对国内外学术文献进行定量的对比分析。

一、数据来源与研究方法

（一）数据来源

1. 国外数据来源

国外文献样本选择以 Web of Science 数据库作为数据来源。检索条件设定为：主题＝（"wheat breeding" OR "wheat genetic breeding"），时间跨度限定为 2008—2018 年，文档类型（document type）限定为文章（article），检索日期为 2018 年 9 月 26 日，对检索结果进行精炼，得到 3 012 篇文献，以这些文献作为国外文献研究的数据样本。

2. 国内数据来源

国内文献样本选择以《中国学术期刊全文数据库》（CNKI）作为国内数据源。检索条件设定为：主题＝（"小麦育种"或者"小麦遗传育种"），时间跨度限定为 2008—2018 年，数据库来源类别选择为"学术期刊"跨库检索，对检索结果进行精选，得到 1 204 篇文献，以这些文献作为中文文献的研究样本。

（二）研究方法

1. 文献计量学

文献计量是一种基于数理统计的定量分析方法，它以科学文献的外部特征为研究对象，研究文献的分布结构、数量关系、变化规律和定量管理，进而探讨科学技术的某些结构、特征和规律[7]。利用文献计量方法分析归纳国内外小麦遗传研究的现状，可揭示该领域的研究热点和前沿问题，为将来育种工作的开展提供科学依据。

2. 对比分析法

对比分析法是把客观事物加以比较，从数量上展示和说明研究对象规模的大小、水平的高低、速度的快慢以及各种关系是否协调，以达到认识事物本质和规律并做出正确评价的方法[8]。利用对比分析方法将国内外小麦遗传育种科学文献从时间序列、空间序列上，对国家、机构、期刊、作者、研究热点与前沿等进行横向和纵向的定量对比，从而发现国内外研究的差异，为国内小麦遗传育种的发展提供有利的参考和借鉴。

二、国外文献统计分析

（一）时间序列上的文献特点

依据限定检索条件，Web of Science 中小麦遗传育种研究文献共 3 012 篇。从年代分布上来看，总体发文量呈稳中增长态势，在 2017 年达到发文量的峰值，而 2013 年和 2016 年发文数量又有所递减。由此可见，小麦遗传育种在国际上仍然是一个成长中的研究点，虽发展中存在少许波动，但近年来的研究成果仍保持较高的状态。由于 2018 年数据尚不完善，因此这里所讨论的文献为 2008 开始的近 10 年数据。

（二）空间序列上的文献特点

1. 各国研究实力

统计文献共涉及 87 个国际 / 地区，10 年间，发文量在 200 篇以上的国家有 5 个，中国的发文量居首位，其他国家依次是美国、澳大利亚、德国和印度等。这意味着我国在小麦遗传育种领域的研究成果已位居世界前列，达到世界领先水平。利用 Citespace 绘制小麦遗传育种研究文献的国家分布知识图谱（图 2-16），可以发现在整个合作网络中，各国之间的联系普遍较为紧密，其中，印度、美国、德国、墨西哥、英国等国家的中心性较高，占有更高的国际合作比例，在国际合作中优势显著；中国发文量虽高，但中心性较小，仅为 0.01，这也反映了我国当前与其他国家的交流合作还有待进一步加强。

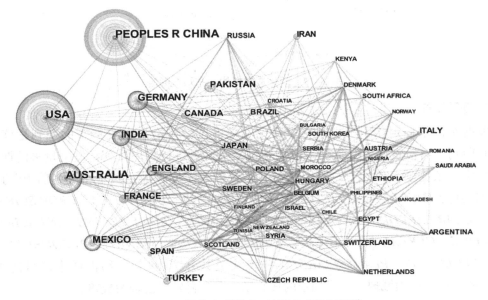

图 2-16　国外文献国家 / 地区分布知识图谱

2. 主要研究机构

经统计，所有文献共涉及 2 518 个机构，根据普赖斯定律 $N=0.749\sqrt{\eta_{max}}$ 计算得知，其中 $\eta_{max}=167$（最高产的研究机构的发文量），核心研究机构的发文量为 10 篇以上，由此得到该研究领域的核心研究机构共计 59 个。发文量最高的机构为中国农业科学院，其次为美国农业部、堪萨斯州立大学、国际玉米小麦改良中心、中国科学院等。利用 Citespace 绘制小麦遗传育种研究文献的机构分布知识图谱（图 2-17），从整体上来看，核心发文机构主要为农业科研院所和农业高校；从节点中心性上来看，国际玉米小麦改良中心、中国农业科学院以及华盛顿州立大学的中心性较高，与其他机构合作较多，西北农林科技大学、四川农业大学、中国农业大学发文量较高，但中心性低，这也从侧面说明国内农业高校在世界范围内的影响力较弱，应提高"科研走出去"能力，加强团队合作，共同推进领域研究的协同创新。

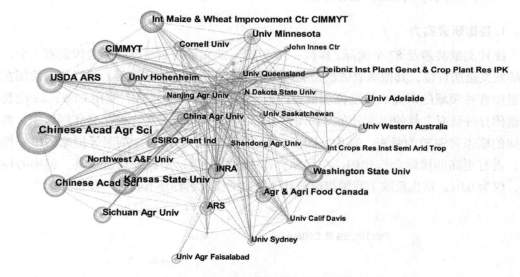

图2-17　国外文献机构分布知识图谱

3. 期刊分布

根据布拉德福定律，发表某一学科论文数占该学科论文总数33%的期刊是该学科的核心期刊。对检索得到文献的来源期刊按其发文量进行降序排列，发文量多的期刊涉及遗传学、植物学、作物学、基因学、分子育种等不同领域。其中，排名前10的国际期刊分别为 *THEORETICAL AND APPLIED GENETICS、EUPHYTICA、CROP SCIENCE、MOLECULAR BREEDING、FIELD CROPS RESEARCH、FRONTIERS IN PLANT SCIENCE、PLOS ONE、CEREAL RESEARCH COMMUNICATIONS、GENETIC RESOURCES AND CROP EVOLUTION、PLANT BREEDING*，发文量共计1 199篇，约占样本总量的40%，说明小麦遗传育种领域现已形成稳定的核心期刊，学科发展已较为成熟。

（三）作者共被引分析

根据普赖斯定律，撰写全部论文一半的高产作者数量等于全部作者总数的平方根，计算得出小麦遗传育种领域国际上的核心作者最低发文量约为5篇，共计103位作者，其中部分作者出现重合现象，这也就说明该领域正在逐渐形成稳定的高产作者群体，并且这些作者已具备一定的国际影响力。利用Citespcace绘制小麦遗传育种发文作者共被引知识图谱（图2-18），通过作者共被引分析，找出该研究领域的核心作者和高被引作者，根据作者发文数量和被引频次的变化分析学科发展态势。从图中可以看出，小麦遗传育种领域作者共被引关系连接强度较高，呈紧密型网络分布，高被引作者较为集中，社区型学术网络尚未形成。

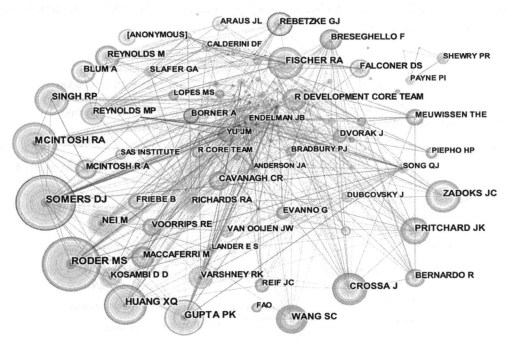

图 2-18 国外文献作者共被引关系图谱

（四）研究热点分析

文献的关键词是查找文献时的重要检索点，是一篇文献研究内容的精炼，高频出现的关键词常被视为该领域的研究热点[9]。通过筛选、合并、剔除同义词等数据清洗方式，建立小麦遗传育种领域的高频关键词库，同时借助 Citespace 软件绘制关键词共现知识图谱（图 2-19），可以看到除了 "wheat" "bread wheat" 和 "triticum aestivum I." 等与小麦定义直接相关的关键词外，该领域的主要研究关键词还有 "cultivar" "genetic diversity" "winter wheat" "identification" "yield" "durum wheat" 等。

以 "小麦" 这一出现频次最高的关键词为中心点，通过知识图谱网络连线寻找其他高频关联词，可以发现跟 "小麦" 相关的关键词有 "品种栽培" "粮食产量" "鉴定" "品种" "分子标记" "微卫星标记" "抗逆" 等。将这些词汇进行聚类分析，该领域的研究热点可归纳为 5 个方面：小麦品种研究，包括大麦（barley）、硬质小麦（durum wheat）、春小麦（spring wheat）、冬小麦（winter wheat）、六倍体小麦（hexaploid wheat）等；小麦遗传性状研究，包括基因（gene）、基因组（genome）、数量性状基因位点（quantitative trait loci）、分子标记（molecular marker）等；小麦种质资源研究，包括种质（germplasm）、产量（yield）、质量（quality）、蛋白质（protein）、多样性（diversity）等；小麦抗病性研究，包括条锈病（stripe rust）、叶锈病（leaf rust）、赤霉病（scab resistance）、白粉病（powdery mildew）、纹枯病（sheath blight）、全蚀病（full rot）等；小麦抗逆性研究，包括抗性

（resistance）、抗病性（disease resistance）、耐性（tolerance）、耐干旱（drought tolerance）、耐热性（heat tolerance）等。

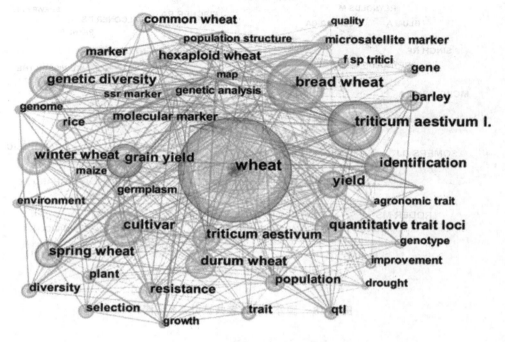

图 2-19　国外文献关键词共现知识图谱

（五）研究前沿分析

对 Web of Science 中小麦遗传育种文献的主题词按出现时间排序，利用时间序列寻找该领域的研究前沿。借助 Citespace 的突显词检测（Brust Detection）功能，绘制小麦遗传育种文献时间序列（Time Zone）图谱（图 2-20）。在研究前沿分析中（包含 2018 年数据），按由近及远的时间顺序，凸显的主题词依次为全变异（total variation）、重组自交系（recombinant inbred line）、候选基因（candidate genes）、连锁基因图谱（genetic linkage map）、全基因组关联研究（genome-wide association study）、环境互作（environment interaction）、全基因组关联映射（genome-wide association mapping）、叶锈病（leaf rust）、性状标记关联（marker-trait association）、未来育种项目（future breeding program）、花期（flowering time）、品质性状（quality traits）等。

综上所有统计数据，可以看出国外小麦遗传育种领域的研究前沿主线十分鲜明，并与研究热点存在交叉，主要体现在 3 个方面：首先是基础研究，包括基因、基因图谱、基因组选择、遗传结构、单核苷酸多肽性、数量性状基因位点、染色体的短臂和长臂等；其次是实验技术与方法研究，包括全基因组关联与映射、性状标记关联、SNP 标记、原位杂交、分子标记连锁图谱及分子定位图谱等；最后是应用研究，包括环境互作、品质改良、生理性状等。

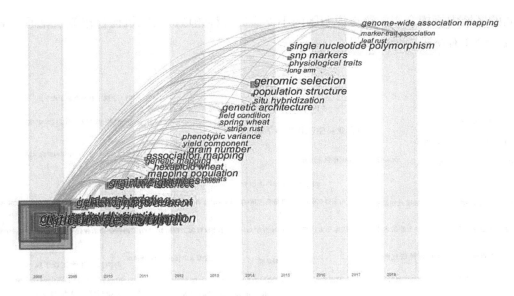

图2-20 国外文献主题词时间序列图谱

三、国内文献统计分析

1. 时间序列上的文献特点

10年间，国内小麦遗传育种研究领域的发文数量波动幅度不大，整体呈下降的趋势，在2009年发文数量达到最大值，为146篇，其后3年的发文量一直下降，直到2012年后出现转折，在2014年达到第二个小高峰后，发文量持续走低。尽管国内小麦遗传育种研究的发文数量呈下降态势，而从Web of Science中的世界发文量排名来看，中国的发文量已位居第一位，这就意味着国内该领域的研究已日趋成熟，并逐渐与国际研究接轨，寻求更多的国际交流与合作，研究成果也日益得到国际认可，朝着引领国际研究前沿的良好方向发展。

2. 空间序列上的文献特点

中国学术期刊全文数据库中的1 204篇文献共涉及98个研究机构。发文量最高的为西北农林科技大学农学院，10年间累计发文31篇，依据普赖斯定律计算得出，国内小麦遗传育种领域的核心研究机构发文量应在4篇以上，共有28个机构。国内小麦主产区河南省、山东省、山西省、陕西省等地的研究机构数量占全部机构的近半数，这也就说明小麦遗传育种的研究依托于田间试验基础，作物的大面积种植对相关的研究有良性的促进作用。

通过Citespace绘制国内小麦遗传育种研究机构分布知识图谱（图2-21），可以发现各机构的中心性均为0，合作网络松散，仅在文献高产机构或区域内机构之间存在合作。例如，以西北农林科技大学农学院、山西省农业科学院小麦研究所、中国农业科学院作物科学研究所和山东省农业科学院作物研究所为核心的高产机构之间的合作，以及山西大学生物工程学院、山西省农业科学院生物技术研究中心和山西省农业科学院作物科学研究所之间的区域内机构合作。这也说明国内小麦遗传育种领域的研究机构合作关系疏远，学术交流与合作有待进一步的加强。

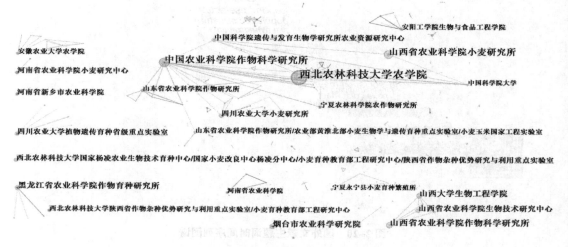

图 2-21　国内文献机构分布知识图谱

3. 作者共被引分析

全部文献共涉及作者 495 位，发文量最高的为 30 篇。根据普赖斯定律计算可知，国内小麦遗传育种领域的核心作者发文量应在 4 篇以上，共有 293 位作者。通过 Citespace 绘制国内小麦遗传育种作者分布知识图谱（图 2-22），可以发现国内作者的中心性均为 0，作者之间合作关系松散，以机构内合作为主，并逐渐形成稳定的科研团队，跨机构的合作大都以学科带头人的牵引为合作关键节点。例如，西北农林科技大学张改生教授团队、中国农业科学院何中虎研究员牵头的山东省农业科学院赵振东院士团队和四川农业大学任正隆教授团队的合作。

图 2-22　国内文献作者分布知识图谱

4. 研究热点分析

对国内小麦遗传育种文献的关键词进行统计，提取文献中的高频关键词作为研究热点分析的样本。利用 Citespace 绘制国内小麦遗传育种文献关键词共现知识图谱（图 2-23），可以看到中心性较高的关键词有小麦育种、小麦品种、小麦新品种、麦类作物、冬小麦、分子标记等。以高频关键词为结点，向四周发散的连线呈复杂网络状，说明该领域的研究方向和热点众多，并且各个研究方向与热点之间存在交叉关系，这也证实了小麦遗传育种这一研究方向的多学科交叉属性。

对国内小麦遗传育种研究文献中的高频关键词进行聚类分析，得到以下 4 个研究热点：高品质新品种的培育研究，包括小麦育种、小麦品种、小麦新品种及农艺性状等；区域小麦研究，包括冬小麦、春小麦、河南省及黄淮麦区等；小麦育种技术研究，包括分子标记、分子育种及远缘杂交等；小麦抗病性研究，包括白粉病、矮败小麦及条锈病等。

图 2-23　国内文献关键词共现知识图谱

5. 研究前沿分析

对中国学术期刊网络出版总库中小麦遗传育种文献主题词按出现时间排序，用 Citespace 绘制时间序列（Time Zone）图谱（图 2-24）。在研究前沿分析中（包含 2018 年数据），按由近及远的时间顺序，凸显的主题词依次为超氧物歧化酶（superoxide dismutase）、特异性聚合酶链反应（specific polymerase chain reaction）、人工合成六倍体小麦（synthetic hexaploid wheat）、自然通讯（nature communications）、成株期抗性（adult-plant resistance）、小麦叶锈病（*Puccinia triticina*）、山羊草（*Aegilops longissima*）、多酚氧化酶（polyphenol oxidase）等。

国内小麦遗传育种领域的研究前沿与国际基本相似，显著的特殊之处在于凸显主题词包含长穗偃麦草、黏果山羊草、二穗短柄草、黑麦等大量小麦的野生近缘种，这在一定程度上说明国内育种更重视远缘杂交，通过探索外源种属的种质资源，扩大遗传基础、寻求基因改良途径，这跟我国地大物博、植物种类繁多、变异多样、遗传基础丰富是息息相关的，为小麦的基因改良提供了宝贵的遗传资源。

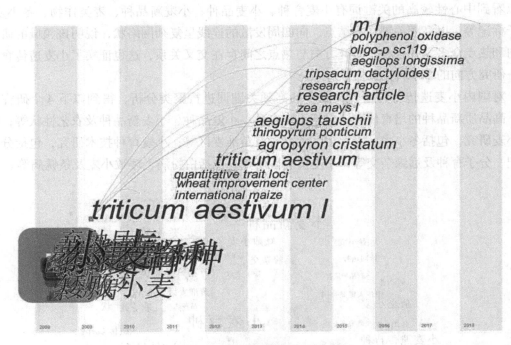

图 2-24　国内文献时间序列图谱

四、研究态势分析

培育高产、稳定、优质的小麦新品种是改善民生、保障国家粮食安全问题的重大举措，加强小麦遗传育种工作的创新能力、提升小麦遗传育种水平，使小麦遗传育种朝着高水平、多元化的方向发展，是国内外农业科研工作者的重要研究课题。

采用文献计量和对比分析的方法，并利用 Citespace 软件绘制国内外小麦遗传育种研究文献的可视化知识图谱，对现状、热点和前沿进行对比分析，发现国内该领域的研究不仅文献产出量世界领先，研究前沿也逐步接轨国际先进水平。由此可以看出，近年来我国小麦遗传育种研究发展迅速，研究水平也正逐步赶超欧美等发达国家。

展望未来，小麦遗传育种的研究还面临许多挑战，主要包括基因组学、健康、赤霉病、芯片技术、国际协作网等[10]。就国内而言，发掘并利用小麦耐胁迫相关基因、建立精准且高通量表型系统、充分利用生物学技术，实现多优良基因聚合，提高育种效率，改进小麦品质、提高抗病性、应对气候变化以及兼抗型持久抗性将是未来发展的主流趋势。

参考文献

［1］史冬平.小麦杂交育种的回顾和展望［C］// 21 世纪小麦遗传育种展望——小麦遗传育种国际学术讨论会文集.北京：中国农业科技出版社,2001.

［2］HU M J,ZHANG H P,LIU K,et al. Cloning and characterization of TaTGW-7A Gene associated with grain weight in wheat via SLAF-seq-BSA［J］.Frontiers in Plant Science, 2016,7:1902.

［3］DAKOURI A,MCCALLUM B D,RADOVANOVIC N,et al. Molecular and phenotypic characterization of seedling and adult plant leaf rust resistance in a world wheat collection ［J］.Molecular Breeding New Strategies in Plant Improvement,2013,32（3）：663-677.

［4］陈雪燕,王灿国,程敦公,等.小麦加工品质相关贮藏蛋白、基因及其遗传改良研究进展［J］.植物遗传资源学报,2018,19（1）：1-9.

［5］王红日,刘爱峰,李豪圣,等.长穗偃麦草谷蛋白改良小麦品质的研究进展［J］.山东农业科学,2018,50（4）：154-159.

［6］ALLEN A M, WINFIELD M O, BURRIDGE A J, et al. Characterisation of a wheat breeders' array suitable for high throughput SNP genotyping of global accessions of hexaploid bread wheat（Triticum aestivium）［J］. Plant Biotechnology Journal，2017, 15（3）：390.

［7］张影,巩杰,马学成,等.基于文献计量的近 20 多年来土地利用对土壤有机碳影响研究进展与热点［J］.土壤通报,2016,47（2）：480-488.

［8］姜慧敏.基于对比分析法的中美移动通信产业专利情报分析［J］.情报科学,2010,28（12）：1837-1840.

［9］侯元元,黄裕荣,张红,等.基于文献计量的我国大数据研究进展分析［J］.图书情报工作,2014,58（S2）：204-208.

［10］王雯玥,肖永贵,杨建仓,等.主要作物遗传育种综述——中国农业科学院作物学博士后论坛［J］.中国种业,2017（4）：9-12.

第五节 小麦遗传育种专利分析研究

小麦是世界上三大粮食作物之一，也是全球栽培范围最广的作物，年产量超 7 亿 t，是世界上 35% 以上人口的口粮，它的持续增产增效，关系全球粮食安全。我国既是农业生产大国，也是粮食消费大国，作为我国重要的商品粮和战备储粮，小麦产量和消费量均位居世界首位[1]。习近平总书记在 2019 年 3 月 8 日参加十三届全国人大二次会议河南代表团审议时深刻指出，"确保重要农产品特别是粮食供给，是实施乡村振兴战略的首要任务"，强调"扛稳粮食安全这个重任""在确保国家粮食安全方面有新担当新作为"[2]。

迫于环境因素制约、收储方式不精、耕地面积持续减少等压力，对于我国这样一个拥有 14 亿多人口的大国而言，未来粮食供求的结构性矛盾仍将存在，培育优质高产小麦就成为守好粮食安全底线的重要举措。小麦种质资源的搜集、整理、筛选与系统选育，使小麦产量初步结束了低产的历史；杂交技术在小麦育种中广泛应用，使小麦育种跨入中高产阶段；数量遗传学的应用，遗传种质的重组与创新，育种学、生理学和栽培学的密切结合、相互渗透，创造了高产育种的新局面[3]。

在小麦遗传育种技术不断发展的过程中，形成了大量的专利成果数据，这些专利集技术、法律和经济信息于一体，数量大、内容覆盖面广，作为应用成果转化的重要载体，具有很强的科技情报价值，在推进农业技术持续创新、促进农村经济发展中发挥着举足轻重的作用。在广泛阅读和参考有关专利与知识产权相关内容的基础上，利用专利分析方法与规范化的数据分析手段，从申请总量及趋势、国家/地区分布、技术布局与专利价值等方面对小麦遗传育种领域的相关技术专利进行分析，以期为政府决策者、育种工作者和企业生产者提供技术布局、发展态势与竞争力等方面客观、科学、有效的情报理论支撑。

一、数据来源与研究方法

1. 数据来源

数据来源于智慧芽信息科技有限公司（PatSnap）的专利数据库。智慧芽全球专利数据库建立于 2007 年，收录覆盖 116 个国家和地区的专利数据超 1.3 亿条，并提供精准、多维、可视的专利及研发情报[4]。

2. 研究方法

据世界知识产权组织（WIPO）有关统计表明，全球每年 90% ～ 95% 的发明创造成果都可以在专利文献中查到，专利信息是综合性战略资源，是规范化、标准化的技术信息源，具有独特的情报价值。专利作为发明创造，其本身包含着技术创新价值，依靠专利数据的精准分析可以更好的把握技术动态、了解技术布局与竞争力。

专利分析法是指对有关的专利文献进行筛选、统计、分析，使之转化成可利用信息的方法，分为定量分析与定性分析两种。定量分析即对专利文献的外部特征（专利文献的各种著录项目）按照一定的指标（如专利数量）进行统计，并对有关的数据进行解释和分析，以取得动态发展趋势方面的情报；定性分析是以专利的内容为对象，按技术特征归并专利文献，使之有序化的分析过程，一般用来获得技术动向、竞争力、特定权利状况等方面的情报[5]。运用定量和定性相结合的分析方法，综合考察多种分析指标，充分挖掘技术创新价值，以期达到良好的分析效果。

二、专利概况与指标分析

在智慧芽全球专利数据库中使用高级检索，设置标题和摘要中同时含有"小麦""遗传"和"育种"，并且不包含"装备""装置""箱""器""盒"，限定检索结果为只包含小麦遗传育种技术的相关专利，检索时间为 2019 年 7 月 10 日。经过人工清洗与过滤，共检索到 615 件申请记录，全部专利均为发明专利，其中，有效专利 136 件（占比 22.11%），审查中专利 103 件（占比 16.75%），失效专利 262 件（占比 42.6%），未确认专利 114 件（占比 18.54%）。由于专利自申请到公开存在 1 年半到 3 年的滞后期[6]，2016—2019 年数据仅供参考。

专利的技术焦点主要集中在小麦植株的品种变异、成分与特性、非转基因、遗传标记以及 T 细胞刺激抗原表位；转基因植物的育种、诱变育种、基因工程、DNA 重组与标记用酸；植物细胞的 DNA、核苷酸序列、转基因标记；增强抗逆性与抗除草剂等。

（一）申请趋势

某一领域专利技术的生命周期大体可分为萌芽期、成长期、成熟期和饱和期[7]。从全球小麦遗传育种技术年度专利申请总量来看，最早申请可见于 1978 年，1978—1993 年间申请数量极少，1994 年后，一直到 2001 年，每年均可见专利申请，申请数量略有增长，技术研究步入萌芽阶段；2002 年以后，专利申请数量大幅增加，并在 2008 年达到申请量峰值，进入快速成长期；此后年份虽然专利申请量存在波动，但随着 21 世纪以来生物技术与基因工程的快速兴起，小麦遗传育种技术的研究也逐步向成熟期过渡，此期间蛋白标记、DNA 分子标记、诱变育种、杂交育种和转基因等技术开始广泛应用，小麦遗传育种技术研发体系逐步走向完善。

从专利申请的年度地理分布战略来看（图 2-25），全球小麦遗传育种技术专利在进入成熟期后，申请量出现了 3 个明显的峰点：美国、中国、欧洲等几个国家/地区主要的专利受理局均在 2010 年、2013 年和 2018 年出现专利申请高峰。由此可以说明，2010 年、2013 年和 2018 年应为技术发展的关键时期，各国均对研发成果进行了重点的专利技术布局。2010 年是中国农业的重要拐点，在国家一系列强农惠农政策的支持下，依靠科技进步，研发成果连年实现新突破，国家知识产权局在 2010 年的专利受理量首次超越美国，达到专利申请峰值，成为我国小麦遗传育种技术研发成果的丰收年。

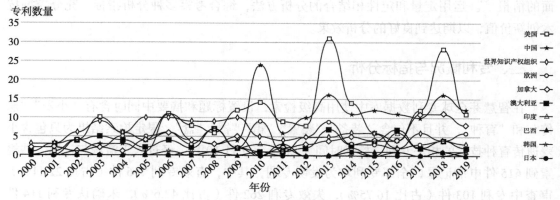

图 2-25　专利年度地理分布

（二）受理国家 / 地区

小麦遗传育种技术专利申请受理排名首位的国家 / 地区是美国，其次为中国、世界知识产权组织、欧洲、加拿大，排名前 5 位的国家 / 地区申请量占申请总量的 81.9%，与80% 的产出来源于 20% 的机构的二八定律相吻合[8]。从全球小麦遗传育种技术受理国家 / 地区情况来看，作为遗传育种技术的先驱，欧美国家专利受理数量最多，占全球申请总量的近 1/3，是技术研发与产业化的核心区域；中国专利受理量仅次于美国，位居第二，可见中国作为世界小麦生产与消费大国，遗传育种技术虽起步稍晚，但在巨大的需求刺激下育种技术突飞猛进，成为各专利申请机构重点布局的市场之一；世界知识产权组织专利受理量排名第三位，占全球申请量的 16.11%，充分体现了发明人通过世界知识产权组织进行跨国专利申请向全球布局的重视程度，是先进技术向世界蔓延的触角。

（三）重点技术领域

通过 IPC（国际专利分类号）分类统计可以显示小麦遗传育种技术研究中重点领域构成的小类分布，由此可以为相关研究提供重点方向和热点技术的参考。专利申请量最高的技术领域为 C12N15 突变或遗传工程（占比 59.23%），其次为 A01H1 改良基因型方法（占比 49.07%）、A01H5 被子植物（占比 42.26%）、C12Q1 酶与核酸或微生物的测定与检验方法（占比 31.85%）等，其他还涉及 C12N5 细胞培养基、C07K14 氨基酸肽、C12N9 连接酶与酶原、A01H4 植物再生、C07H21 多单核苷酸化合物以及 A23L7 谷类产品等。结合技术分布的年度趋势，目前基因工程、遗传育种和种质资源开发仍是小麦遗传育种技术研究的主体，但 2000 年以后 C12N15、A01H1、A01H5 和 C12Q1 技术分类领域的专利在数量上开始凸显出绝对优势，重点方向已开始转向新功能基因的开发、第二代转基因作物研发及遗传检测技术发展方面。

（四）申请人分析及技术布局

据统计，超过半数的专利申请人类型为公司，其次为院校 / 研究所、个人、政府机构，说明公司一直是小麦遗传育种技术研发的主力军，在技术的产业化与市场布局中占据主导地位。该领域的主要专利申请人有 Pioneer Hi-bred（先锋种业公司）、Monsanto（孟山都公司）、Dupont（杜邦公司）、Texas A&M University（美国德州农工大学）、Nanjing Agricultural University（南京农业大学）等，主要关注的技术概念有 wheat plant（小麦植株）、wheat variety（小麦品种）、plant produced by crossing（杂交植物）、nucleic acid（核酸）、phenotypic trait（表型性状）、基因型、遗传距离、抗白粉病基因以及标记引物等。

从高专利拥有量申请人的技术领域来看，先锋种业公司不仅申请专利的数量最多，专利技术布局领域的覆盖面也最广，在全球小麦遗传育种技术产业中独占鳌头。另外，美国的孟山都公司、杜邦公司与德州农工大学的专利申请量占全部专利的近 1/3，说明通过大型跨国公司驱动形成的全球专利技术阵营在市场竞争中优势显著。我国的南京农业大学与四川农业大学在专利申请量上也跻身前十，并且技术领域布局广泛，也表现出活跃的研发力量。

（五）专利家族分析

专利家族指的是针对同一个发明在一个或多个国家 / 地区申请的不同专利，专利家族作为专利价值的评判指标，已在众多学者的研究中得以证实[9]。全球小麦遗传育种技术规模最大的专利家族是 US20130326724A1，家族规模达 381 件，其次为 US20160369294A9（237 件）、AU2008202938A1（115 件）、KR1020060082854A（90 件）以及 US20080184386A1（78 件）等。这些获得较高投资以建立起广泛保护范围的专利家族，其技术关注点主要有植物基因鉴定与表达、耐低碳核苷酸序列、转基因植物的 CIVPS 与 INTEIN 修饰蛋白、植物的 DNA 序列以及农业杀虫剂等。这些家族规模较大的专利均具有中国同族，说明中国作为重要的技术布局国，接收了大量国外先进技术的输入。

（六）专利价值评估

专利价值评估方法包括市场基准的专利价值评估方法和非市场基准的专利价值评估方法[10]。智慧芽专利价值计算模型遵循 QS9000 质量标准——FMEA（Failure Mode and Effect Analysis，实效模式与影响分析）管理模式，可对专利的发明申请、发明授权和实用新型理论价值进行评估，同时基于机器学习的算法不断提高计算精度[11]。因此，选择智慧芽专利分析平台作为价值评估的工具。

1. 行业基准对比

专利价值评估结果显示，全球小麦遗传育种技术专利总价值 56 442 200 美元。与行业基准相比，C12N9 酶、酶原及组合物领域的专利价值远超行业专利均值，是专利价值的制高点；A01H5 被子植物、C12Q1 酶与核酸或微生物的测定或检验、C07K14 氨基酸的肽及衍生物、A01H4 通过组织培养技术的植物再生以及 C07H21 多单核苷酸化合物领域的专利价值高于行业基准，专利价值较高；C12N15 突变或遗传工程、A01H1 改良基因型方法、C12N5 细胞培养基及 A23L1 食品制备与处理领域的专利价值低于行业基准，是领域研究的薄弱点，可作为未来重点投入的研发领域。

2. 最有价值专利

排名前五位的最有价值专利分别是 BRPI0815841A2、CA2775650C、CA2803752C、UA92716C2 与 EP1412373A2，其中 BRPI0815841A2《用于优选特性育种的方法和组合物》价值最高，达 7 150 000 美元，申请人是孟山都公司，具有 38 个同族专利，主要涉及的技术内容有单倍体植株性状的遗传作图方法以及遗传的数量性状位点。其他高价值专利的技术要点还包括利用遗传物质提高农艺性能的育种方法、除草剂耐受性、高产育种、基因选择标记方法以及表型性状改良等。

三、中国小麦遗传育种技术专利的竞争力分析

1. 国家知识产权局专利受理概况

从国家知识产权局小麦遗传育种技术专利受理情况来看，专利受理总量居世界第二，占全球专利总量的 17.8%，专利总价值 1 087 000 美元，在全球专利总价值中占比不足 2%，这也说明我国整体技术研发虽保持强劲势头，但专利活跃度较低，技术转化与应用较为谨慎，导致了总体专利价值无法得到充分实现。从年度专利受理情况来看，我国在 2010 年达到受理量峰值，与全球专利受理峰值出现的 2008 年相差无几，说明我国的技术发展步伐与全球保持一致；峰值过后的几年受理量虽出现回落，但始终维持稳定水平，是我国技术发展走向成熟的标志。

2. 中国专利技术布局

中国小麦遗传育种技术专利申请量最高的申请人是南京农业大学，其次为四川农业大学、山东省农业科学院、西北农林科技大学以及江苏省农业科学院等，以农业高校和科研院所为主，占全部专利申请量的 69%，个人申请人占 26%，公司申请人仅占 5%，这点与以公司为主要申请人的全球专利申请趋势有所区别。从整体技术布局和年度技术战略方面来看，我国重点专利技术布局集中在 C12Q1、A01H1、C12N15 和 A01H5 等领域，与国际重点技术布局重合度超过 95%，且在时间节点上与全球技术战略保持一致，说明我国的研究已接轨世界先进水平，与全球重点技术研究领域齐头并进。

3. 同族专利与被引专利对比

同族专利是专利质量与技术布局广度的重要体现，中国小麦遗传育种技术专利大多拥有 1～2 件同族专利，专利家族规模平均在 1.5 件左右，低于全球专利家族平均规模 9.5 件，总体来看国内专利申请地域广度较小，大部分在国内申请，缺少主动面向国外的技术布局，市场化和产业化能力亟待加强。被引专利数量是专利重要性程度的主要测度指标，

中国专利被引数量均值为1.4，低于世界专利平均被引值6.7，说明中国专利在重要性程度上与国际专利还存在一定差距，新颖性、创造性和实用性有待提升。

在近年中国专利申请量持续快速增长并成为世界第一专利申请目标国的背景下[12]，我国专利申请已进入前所未有的机遇期。随着我国小麦遗传育种技术研究水平迈入国际一流行列，专利申请也呈现蓬勃发展的势头，不管是申请数量还是技术布局都取得了一定的国际影响力。与此同时，我国小麦遗传育种技术专利的申请也面临着一系列的挑战：首先，专利质量与国际水平还存在一定差距，专利成果的转化率低，制约了专利价值的增值；其次，专利技术输入大于输出，专利的全球性布局视野较窄，自主知识产权保护意识有待提升；最后，专利的市场化和产业化驱动力较为薄弱，技术创新的资源优势未能得到充分发挥。

四、研究态势分析

1. 全球小麦遗传育种技术研究将持续推进

为抵御全球气候变化与耕地锐减而导致粮食减产的风险，提高主要粮食作物小麦的产量，一直是提升全球粮食安全的不懈追求。在高投入的生产系统中，遗传育种大大提高了小麦产量，新品种逐渐积累的遗传变异对关键产量参数、抗病性、养分利用效率、光合效率和籽粒质量都有着积极影响[13]。中国农业科学院副院长、中国工程院院士万建民指出，"种业发展可以分为4个阶段，1.0时代是农家育种，2.0时代是杂交育种，3.0时代是分子育种，包括分子标民、转基因、基因方面育种等，4.0时代是生物技术＋人工智能＋大数据信息技术育种。目前发达国家已进入种业4.0时代，我国已在2.0至3.0时代之间"[14]。利用基因组辅助育种可对遗传结构进行评价，通过全基因组预测，标记辅助选择与籽粒产量和品质相关的表型指征和遗传变异，可发掘更广泛的性状改良的潜力[15]。

专利的本质是对新技术的保护，更是专利成果应用推广的催化剂，世界各国都在通过提升专利技术储备，力争在国际竞争中占据优势地位。先锋种业公司、孟山都公司、杜邦公司等全球知名的大型跨国公司优先对小麦遗传育种技术进行了全球性的专利布局，通过并购形成稳定的专利阵营，其他技术雄厚的科研院所和新兴公司的加入，让全球小麦遗传育种技术研发表现出更加强劲的生命力，专利申请向高质高效转变，全球化的竞争逐渐走向多元化。

2. 中国专利申请前景展望

前十位的高专利拥有量申请人中，中国申请人占据两席，高水平的科研团队保障了专利申请总量的优势地位，新兴农业科技企业激活了市场的应用潜力，使中国小麦遗传育种技术的研发与专利申请始终走在世界的前列。提高专利的质量和价值，增强成果的应用转化能力和企业参与研发力度，将是下一步重点完善的方向。与此同时，我国专利技术布局应打破地域局限，主动参与到全球化的技术竞争中去，积极开展小麦遗传育种技术走出去，不断推进国际产业化进程。

参考文献

［1］汤泽慧.中国小麦进出口现状及依存度分析［J］.农业展望,2018,14（7）：83-87.

［2］张务锋.坚决扛稳粮食安全重任［N］.经济日报,2019-4-20（4）.

［3］赵吉平,左联忠,王彩萍,等.小麦超高产育种若干问题的思考［J］.中国种业,2012（1）：16-18.

［4］RIPPA P, SECUNDO G. Digital academic entrepreneurship: The potential of digital technologies onacademic entrepreneurship technological［J］.Technological Forecasting and Social Charge,2019,146：900-911.

［5］张燕舞,兰小筠.企业战略与竞争分析方法之一——专利分析法［J］.情报科学,2003（8）：808-810.

［6］王友华,蔡晶晶,杨明,等.全球转基因大豆专利信息分析与技术展望［J］.中国生物工程杂志,2018,38（2）：116-125.

［7］GAO L, PORTER AL, WANG J, et al. Technology life cycle analysis method based on patent documents［J］. Technological Forecasting & Social Change, 2013, 80（3）：398-407.

［8］KATSUAKI TANABE. Pareto's 80/20 rule and the Gaussian distribution［J］. Physica A: Statistical Mechanics and its Applications,2018,510:635-640.

［9］龙艺璇,王小梅.专利家族规模对专利价值贡献变化研究——以太阳能领域为例［J］.知识管理论坛,2019,4（1）：34-41.

［10］徐鲲,张楠,鲍新中.专利价值评估研究［J］.价格理论与实践,2018（7）：143-146.

［11］马吉宏,田长彦,吕光辉.基于"智慧芽"专利数据库的塔里木河生态环境领域专利分析［J］.科技管理研究,2018,38（10）：158-164.

［12］谭龙,刘云.从制度变革看中国专利申请量的增长［J］.科技进步与对策,2014,31（2）：113-117.

［13］KAI P.VOSS-FELS, ANDREAS STAHL, BENJAMIN WITTKOP, et al. Breeding improves wheat productivity under contrasting agrochemical input levels［J］. Nature Plants,2019（5）:706-714.

［14］于之静.如何实现我国种业向4.0时代跨越?——中国农科院副院长万建民谈打赢种业翻身仗［2021-01-29］.http:www.gov.cn/xinwen/2021-01/29/content_5583612.htm.

［15］M.RAPP, V.LEIN, F.LACOUDRE, et al. Simultaneous improvement of grain yield and protein content in durum wheat by different phenotypic indices and genomic selection［J］. Theoretical and Applied Genetics, 2018（131）：1315-1329.

第六节 玉米逆境胁迫机制文献计量研究

玉米（Corn、Maize, *Zea mays* L.）是禾本科的一年生草本植物，原产于中美洲和南美洲，是世界重要的粮食作物。目前，玉米广泛分布种植于美国、中国、巴西等国家[1]。玉米与传统的水稻、小麦等粮食作物相比，具有较强的耐旱性、耐寒性、耐贫瘠性以及极好的环境适应性。其营养价值较高，是优良的经济作物。作为中国的高产粮食作物，玉米是畜牧业、养殖业、水产养殖业等的重要饲料来源，也是食品、医疗卫生、轻工业、化工业等行业不可或缺的原料之一[2]。由于玉米资源极为丰富、廉价且较易获得，在人类社会生产生活各方面均具有广阔的开发及应用前景。

随着社会经济不断发展，现代化工业进程的加快，市场上对玉米的需求量日益增大，如何提高玉米的综合生产力成为了一个亟待解决的问题。而目前，土壤盐渍化正在持续成为在全球范围内造成农作物减产的环境限制因素之一。据统计，全世界盐碱地面积近 10 亿 hm^2，约占世界陆地面积的 7.6%[3]，农业耕地方面，遭受盐渍化的侵蚀的面积约占全球耕地面积的 20%，预计到 2050 年，有超过 50% 的耕地将被盐渍化。我国有 3 600 万 hm^2 的盐渍地，其中有 660 万 hm^2 是耕地，占全国耕地面积的 6.62%，主要集中分布在东北、华北、西北地区和长江以北等粮食主产区[4]。更为严重的是，近年来，由于灌溉和施肥不当，我国耕地的次生盐渍化问题日益凸显，总盐渍土面积不断扩大，对农业生产的影响逐年加重[5]。因此，在防治之外，盐渍地综合利用成了科研的热点，培育更抗盐碱的玉米及其他作物品种成了研究者的重要任务之一。

玉米的耐盐性相对较差，阈值仅在 0.017M NaCl 左右，其中，由于苗期是整个生长周期的关键时期，各种外界不利环境因素的胁迫更为敏感，由于土壤盐度高造成的盐胁迫，常会使玉米幼苗芽势弱，胚根少且短、苗弱、成活率低，严重影响其后期生长发育及产量[6]。氮、磷是植物生长发育所必需的大量元素之一。目前研究发现，外源磷(Pi)的施用可以改变作物的耐盐性，并且施磷期间氮转运相关基因的表达显著改变，说明氮的施加对耐盐性也可能起到作用，而玉米的耐盐机制究竟如何，氮、磷、钾、铝等元素的加入对玉米的耐盐性究竟是否会产生缓解，其分子机制究竟如何，这些问题亟待解决。因此，对玉米在耐受盐胁迫期间的外源元素的添加对于该调控机理的影响程度进行研究不仅具有重要的科学意义，同时也为具体培育耐盐品种、提高玉米耐盐性和产量以及充分发挥盐渍土的生产潜力提供理论依据。

采用文献计量学方法，从发文的年代分布特点、发文国家、机构、期刊及作者的分布情况、发文的关键词和主题词统计情况、该领域的研究热点与前沿研究方向等方面，对国内外学术文献进行定量的对比分析。

一、数据来源与研究方法

（一）数据来源

1. 国外数据

国外文献样本以 Web of Science 核心合集数据库作为数据源，设置检索条件：（TS=（maize OR *corn OR zea mays）AND TS=（salt tolerance OR salt stress OR salinity stress OR salin*）AND TS=（phosphorus OR nitrogen OR aluminum OR potassium）），时间跨度为"不限"，文档类型（document type）为文章（article），检索日期为 2019 年 11 月 8 日，对结果数据进行清洗与去重后，得到 709 篇文献，以此作为国外文献研究的数据样本。

2. 国内数据

国内文献样本以《中国学术期刊全文数据库》（CNKI）作为数据源，检索条件设置为设置检索条：（SU=（玉米*（胁迫+耐受））AND SU=（nacl+盐+氮+磷+钾+铝）），时间跨度为"不限"，数据库来源类别为"学术期刊"跨库检索，"来源类别"设置为"核心期刊"。检索后对结果数据进行清洗筛选，得到 431 篇文献，以此作为中文文献的研究样本。

（二）研究方法

1. 文献计量法

文献计量法是一种基于数理统计的定量分析方法，它以科学文献的外部特征为对象，研究文献的分布结构、数量关系、变化规律和定量管理，进而探讨科学技术的某些结构、特征和规律[7]。利用文献计量方法分析国内外玉米逆境胁迫方面研究的现状，可揭示该领域的研究热点和前沿问题，为提升玉米抗逆能力，从而为整体提升玉米产量工作的开展提供科学依据。

2. 对比分析法

对比分析法是把客观事物加以比较，从数量上展示和说明研究对象规模的大小、水平的高低、速度的快慢以及各种关系是否协调，以达到认识事物本质和规律并做出正确评价的方法[8]。利用对比分析方法，将国内外玉米抗逆境机制相关研究的文献从时间序列、空间序列上，对国家、机构、期刊、作者、研究热点与前沿等进行横向和纵向的定量对比，从中发现国内外研究的差异，为研究方向的发展寻找有利的参考和借鉴。

二、国外文献统计分析

（一）时间序列上的文献特点

在年代分布上，Web of Science 上收录的核心权威文献的总量自 1975 年的第一条记录以来，呈缓慢稳步增长态势，在 2018 年达发文量峰值（69 篇），截至检索发生日（2019 年 11 月 9 日），2019 年发文量已达 65 篇。由此可见，玉米的逆境胁迫相关研究在国际上仍然是一个稳步成长中的研究点，发展中虽存在少许波动，但近年来的成果仍保持在持续发展的状态。

（二）空间序列上的文献特点

国外文献共涉及 68 个国家 / 地区，其中发文量超过 100 篇的国家仅有中国与美国。其他发文量较高的国家依次是巴基斯坦（70 篇）、伊朗（45 篇）、德国（43 篇）、印度（41 篇）、西班牙（41 篇）等，均属玉米种植面积较大或对玉米需求量较大的国家，但以上国家 / 地区发文数量大多相对较低，尤其排名前十之外的国家 / 地区发文数量体现了较为明显的下降，体现了中美两国在该领域研究中较为明显的头部优势，这意味着我国在玉米逆境胁迫方面的研究成果在世界范围内已排在首位，且已经保持了一段时间。

用 Citespace 绘制玉米逆境胁迫文献的国家分布知识图谱（图 2-26），并通过国家 / 地区的贡献中心度可见，整个合作网络中，各国之间的联系基本呈网状，可见该研究的国际合作已有了一定的基础，其中，美国、澳大利亚、韩国、巴基斯坦、中国等国家的中心性较高，占有更高的国际合作比例，在国际合作中优势显著：如澳大利亚发文量仅有 33 篇，在 68 个国家 / 地区中仅排名第八，但因澳大利亚的机构与学者与其他国家 / 地区机构和学者的合作关系较多与紧密，因此在中心度排名中名次明显上升，排名全球第二，而中国在该领域内发文量虽位居第一，但中心度排名（第五）相对不匹配，这也反映出我国在该领域内的研究多以本国内部合作为主，与其他国家的交流合作还有进一步加强的空间。

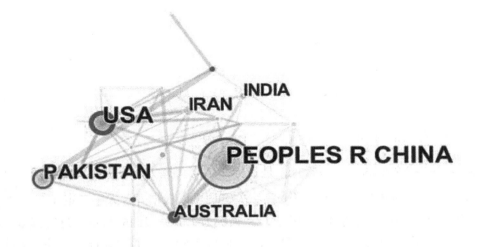

图 2-26　国外文献国家 / 地区分布知识图谱

（三）主要研究机构

玉米逆境胁迫文献共涉及 72 个机构，发文量最高的机构为印度的费萨拉巴德大学，其次是中国科学院、中国农业大学等。利用 Citespace 绘制玉米逆境胁迫研究文献的机构分布知识图谱（图 2-27）来看，整体上核心发文机构主要为农业科研院所和农业高校；从节点中心性上来看，中国科学院在发文量上虽然不居首位，但中心性最高，体现与其他机构合作较多，合作质量较高。虽然如此，但 0.06 的中心度并不算高，这也说明了不仅是发文量少的机构，发文量较高的机构在国际上的合作水平也还有可以发展的空间。

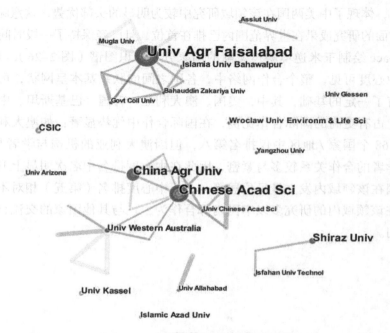

图 2-27　国外文献机构分布知识图谱

（四）研究热点分析

关键词是查找文献的重要检索点，是目标文献与研究方向发展主旨的精炼，高频关键词常被视为一个领域的研究热点[9]。高频关键词可以根据齐普夫第二定律 $T=\dfrac{-1+\sqrt{1+8I_1}}{2}$（其中 T 为高频词和低频词的分界频次，I_1 是频次为 1 的关键词的数量）进行提取。根据该定律，计算得出 $T=18$，而关键词频次大于 18 的有 59 个。通过筛选、合并、剔除同义词等数据清洗方式，建立玉米逆境胁迫相关文献高频关键词库，利用 Citespace 软件绘制关键词共现知识图谱（图 2-28），可以看到除了 "maize" "Zea mays L." 等与玉米定义直接相关的，以及与研究方向直接相关的 "salinity" "stress" "salt stress" 等关键词外，高频关键词还有 "soil" "accumulation" "quality" "water" "irrigation" 等。

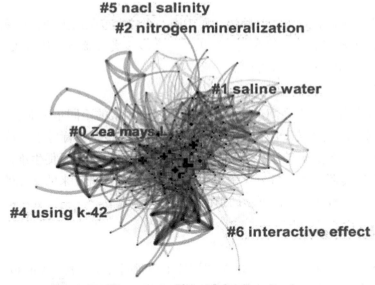

图 2-28 国外文献关键词聚类知识图谱

以出现频次最高的"玉米"为中心点,通过知识图谱网络寻找其他高频关联词,将这些词汇通过 Citespace 知识图谱可视化软件进行聚类分析后,归纳出 6 个主要的研究热点方向。

1. 盐水

主要包括地表水盐碱化导致的种植地盐碱化,土壤、地表水盐碱化导致的玉米种植条件恶化相关环境解决方案,包括氮肥施用、引入微生物以影响玉米种植土壤类型、农业灌溉手段的科学管理方法研究等。

2. 氮矿化

主要研究方向包括不同盐度水平下氮矿化的相关操作、土壤微生物活性对于氮矿化过程的影响、氮矿化过程中的钾再分配、钙质盐对氮矿化的影响作用,包括分子生物学与酶学层面上的可促进氮矿化的微生物自体细胞内各类生物活动作用相关研究等。

3. 促生长根杆菌(根际促生细菌 /PGPR)

主要包括各类根际促生细菌对玉米逆境胁迫的作用、各类根际促生细菌的基因组学研究、根际促生细菌与 NPK 肥施用的联合作用研究等。

4. 使用放射性示踪剂(同位素标记物)K-42

本聚类标签体现了玉米逆境胁迫相关研究中针对钾离子浓度的研究一般使用同位素标记物来进行追踪,主要研究方向包括生长过程中钾的离子通量研究、钾离子流入对玉米生长过程的改善效果(尤其是盐胁迫条件下)、不同亲和力水平的钾离子在玉米细胞内的转运效果等。

5. 盐度

由于氮、磷、钾胁迫均属于盐胁迫，属于同一个较大范围的类别，可视化软件即将盐胁迫作为出现频次较高的聚类提取出来。因此，在该聚类标签下，研究关键词繁多而杂，基本涵盖了以上提到的几类研究方向。

6. 交互效应

是指一个因素各个水平之间反应量的差异随其他因素的不同水平而发生变化的现象。它的存在说明同时研究的若干因素的效应非独立[10]。在该聚类标签下，涉及的文献研究的多为各类元素（如各类硫酸盐、硝酸盐等）与上文提到过的根际促生细菌、各类酶（如硝酸还原酶、黄嘌呤脱氢酶、抗氧化酶等）的相互作用和体现出来的交互效应，对于玉米自芽期开始的生长过程中面临的逆境胁迫的影响。

（五）研究前沿分析

对 Web of Science 中本方向文献的主题词按出现时间排序，利用 Citespace 的时间序列（Time Zone）图谱（图 2-29）寻找该领域的研究前沿，可以看出 Web of Science 中收录的权威文献中，与单一元素（如钾、钙、氮等）相关的研究已大致在 2010 年前后结束暴发。这表明学界对于单一元素对玉米逆境胁迫的影响的相关认识已足够深入，研究的发展较为全面，因此涉及该类元素的文章发表与引用的数量近年来有所下降。随着研究手段的不断进步，研究视角的不断更新，目前可见的关键词暴发点大致存在于手段更为细化的、更多涉及玉米全生长期、尤其是苗期细胞内部层面的多因素联合效应研究。

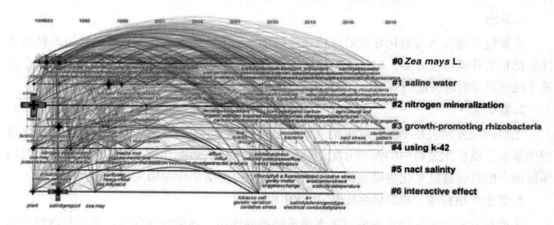

图 2-29　国外文献主题词时间序列图谱

玉米逆境胁迫的研究前沿主线十分鲜明，并与研究热点存在交叉，主要体现在 3 个方面：持续性的基础研究，包括基因、基因图谱、土壤等环境条件等；实验技术与方法研究，包括影响玉米逆境胁迫的相关细菌全基因组关联研究、同位素标记研究方法等；种植技术等应用研究，包括但不限于盐碱地环境种植研究、不同肥料的应用、玉米品质与产量改良、生理性状研究等。

三、国内文献统计分析

（一）时间序列分析

目前被核心期刊收录的玉米逆境胁迫相关文章最早见于 1992 年，自第一篇核心文献发表以来，国内该领域发文数量波动幅度较大，整体呈上升的趋势，但在 2012—2016 年间存在一段时间的低潮期。2010 年发文数量达到最大值，为 23 篇，占总发文量的近 10%，其后数年的发文量开始略有走低，直到 2017 年达到第二个小高峰（20 篇）后，发文量再次有上升趋势。尽管国内范围内，该领域的发文数量的发展势头并不稳定，但结合 Web of Science 中国际水平期刊发文量与中心度排名来看，我国在该领域的研究与产出能力已居于国际领先水平，并逐渐与国际研究接轨。为了提升我国科研产出的中心度，即我国在该领域内研究产出的核心能力，我国学者应寻求更多的国际交流与合作，以期提升国际认可，朝着引领国际研究前沿的良好态势发展。

（二）空间序列上的文献特点

中国学术期刊全文数据库中的 431 篇文献共涉及 33 个研究机构，发文量最高的为沈阳农业大学，累计发文 34 篇，其次为四川农业大学（23 篇）、东北农业大学（22 篇）、西北农林科技大学（19 篇）等，这些活跃的发文机构大多属于位于农业大省的相关专业科研院校。除国家性研究机构外，国内玉米主产区东北三省、甘肃省、山东省、河南省等地的研究机构数量占全部机构的近半数，这就能够说明玉米相关的研究是依托于专业化研究和田间试验基础之上的，且种植需求可以推动科研进步，作物的大面积种植对相关的研究发展有良性的促进作用。

利用 Citespace 绘制国内玉米逆境胁迫方向研究机构分布知识图谱（图 2-30），目前我国该领域研究的机构合作较少，存在合作关系不超过十组。从已存在的合作网络来看，目前我国该研究领域仅在文献较为高产的机构以及区域内机构之间存在合作。例如，沈阳农业大学农学院与黑龙江八一农垦大学农学院、南京农业大学资源与环境科学学院和安徽科技学院、四川农业大学玉米研究所与西昌学院农业科学学院、山东农业大学生命科学学院与山东省作物生物学重点实验室等为代表的区域内机构合作。由图 2-30 并不密集的合作关系网络可以看出，目前国内玉米逆境胁迫领域的研究机构合作关系稍显疏远，学术交流与合作有进一步加强的空间。

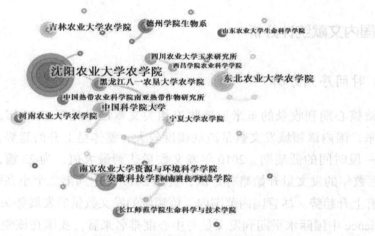

图2-30　国内文献机构分布知识图谱

（三）作者及共被引分析

全部文献共涉及作者116位，通过Citespace绘制作者分布知识图谱（图2-31），发文量最高的为12篇（曹敏建），但中心度排名较高的两位作者分别为杨克军（9篇）与高世斌（8篇），虽然中心度并不高，但可以说明至少有两个不同的实验室或机构通过该名作者有过合作。与之相比，其他作者的中心度均为0，即可证实上文提到过的目前国内的玉米逆境胁迫相关研究中，机构之间合作并不紧密，一般在自己所在的机构或研究团队内部建立合作关系，并逐渐形成稳定的科研团队，几乎没有跨越团队或地域的合作。例如黑龙江八一农垦大学的杨克军、王玉凤团队，河南农业大学的王春丽、刘宗华团队，沈阳农业大学的王庆祥团队等，可以从数据可视化图上发现合作关系极为强烈的团队合作程度排名，基本与高发文量的机构排名吻合。

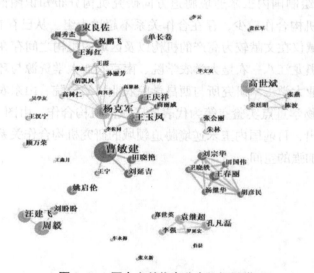

图2-31　国内文献作者分布知识图谱

（四）研究热点分析

对中国学术期刊发表总库收录的国内玉米逆境胁迫相关研究文献的关键词进行统计，提取文献中的高频关键词作为研究热点分析样本，利用 Citespace 绘制关键词共现知识图谱（图 2-32），可以看到中心性较高的关键词有盐胁迫、低磷胁迫、低氮胁迫、玉米幼苗等。以高频关键词为结点，向四周发散的连线基本呈略有交叉的辐射状，说明该领域的研究方向和热点较多，并且各个研究方向与热点之间存在交叉关系，这也证实了国内玉米逆境胁迫相关研究的多学科、多热点的交叉属性。

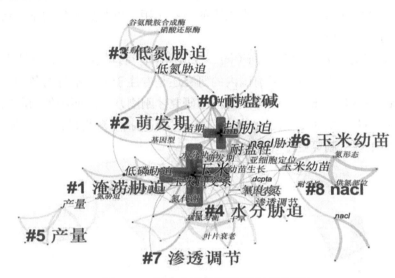

图 2-32　国内文献关键词聚类知识图谱

由于国内该研究方向的文献数量相对较少，仅有 400 余篇，且玉米逆境胁迫研究的各类研究关键词本身就存在交叉与重合的情况，因此对国内玉米逆境胁迫研究文献中的高频关键词进行聚类分析时得出的聚类标签较为简单，且由于同样的原因，Citespace 软件归类出的关键词数量不多，各聚类标签下的关键词的区别程度不高，存在高度重合的情况。将聚类标签与关键词语进行结合分析，得到以下几个研究热点。

1. 玉米全生长过程中盐胁迫条件产生的影响研究

主要通过改变土壤中盐的含量来观察不同品种、不同环境条件下玉米的产量变化，以及植株的各项生理指标的变化。

2. 玉米苗期盐胁迫相关研究

主要包括玉米种子抗逆境水平的鉴定手段、用各种手段在玉米苗期添加各种不同外源性因素（如在土壤中或叶面喷淋赤霉素、水杨酸、海藻糖等）对玉米植株逆境胁迫条件下的不同生理反应，以及最终表现出来的产量变化的研究。

3. 玉米逆境胁迫与基因组学研究

主要方向为通过基因克隆技术对玉米基因异源表达或转基因玉米自交系的表达的不同

表现，来研究不同目标基因对玉米应答逆境胁迫的反应机制的影响。

4. 玉米逆境胁迫的酶学研究

主要包括逆境胁迫条件下玉米各类酶的表达分析、各类酶对玉米抗逆境的作用分析，并有部分研究涉及分析如何抵消逆境胁迫对玉米各类酶活性影响的方式。

（五）研究前沿分析与展望

由上文国外研究热点与国内现状对比可见，近年来，国内玉米逆境胁迫相关因素正在逐渐向国际先进水平靠拢，逐渐由主流的研究某项或某几项单一因素胁迫及其生理特征表现，转变为开始研究多种胁迫条件、多因素的交互作用，以及分子生物学、蛋白质学、酶学等层面上更为细化的研究。

但观察近五年的主要聚类关键词（图 2-33）可知，目前我国在该领域内的研究与国际综合发展方向并不完全匹配，目前国内的研究还是专注于玉米本身的各项生理指标与盐胁迫条件之间的关系等，蛋白互作等关键词的研究才刚刚开始。而国外的研究已经涵盖了玉米生长与种植的各个方面，除了玉米本身之外，还包括了环境的改善手段、土壤研究、玉米细胞内部的生理机制等更加细化的研究。

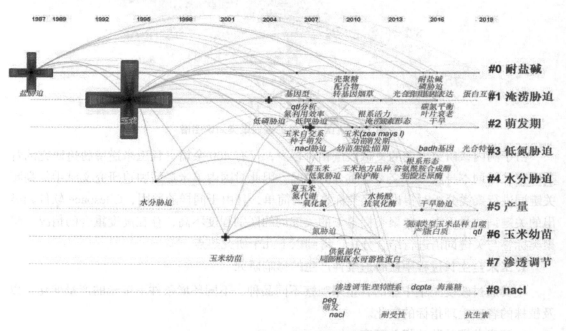

图 2-33　国内文献关键词时间轴知识图谱

我国在国际层面上该领域内产出的绝对数量虽然较高，但中心度略有下滑，这种情况有其深层次原因。若要改变这个局面，就需要国内研究学者跳出玉米品种本身，结合国际的最新研究趋势，将目光发散至玉米生长的上下游全阶段、全环境，以期将玉米逆境胁迫的相关研究做深、做透，为经济、有效地提升玉米产量提供更好的研究思路。

四、研究态势分析

培育高产、稳定、优质的玉米品种是改善民生的重大举措，提高玉米逆境胁迫相关研究工作的创新能力和研究水平，使玉米种植整体朝着高水平、多元化的方向发展，是国内外农业科研工作者的重要研究课题。采用文献计量和对比分析的方法，利用 Citespace 软件绘制国内外玉米逆境胁迫相关文献的可视化知识图谱，对现状、热点和前沿进行对比分析，发现国内该领域的研究不仅文献产出量世界领先，研究方向也正在逐步接轨国际先进水平。

展望未来，玉米逆境胁迫机制的相关研究还面临许多挑战，主要包括玉米生长全系列、全过程的细化研究，高精尖技术的发展与应用，国际、学科、不同地域不同团队协作的构建等。就国内而言，发掘并利用玉米逆境胁迫的全过程相关影响因素、充分利用生物学技术与其他学科的结合与交叉，实现玉米品种的不断改进，为国民经济的不断发展提供源源不断的动力，是我国学者未来研究的主流趋势。

参考文献

［1］杨小倩，郅慧，张辉，等. 玉米不同部位化学成分、药理作用、利用现状研究进展［J］. 吉林中医药,2019,39（6）：837-840.

［2］马先红，李峰，宋荣琦. 玉米的品质特性及综合利用研究进展［J］. 粮食与油脂,2019,32（1）：1-3.

［3］王遵亲，祝寿泉，余仁培，等. 中国盐渍土［M］. 北京：科学出版社,1993.

［4］丁海荣，洪立洲，杨智青，等. 盐碱地及其生物措施改良研究现状［J］. 现代农业科技,2010（6）：299-300,308.

［5］陈复，郝吉明，唐华俊. 中国人口资源环境与可持续发展战略研究（第3卷）［M］. 北京：中国环境科学出版社，2000.

［6］陈德明. 作物相对耐盐性的研究——不同生育期和不同作物种类耐盐性差异［D］. 南京：中国科学院南京土壤研究所,1993.

［7］邱均平，韩雷. 近十年来我国知识工程研究进展与趋势［J］. 情报科学,2016,34（6）：3-9.

［8］查先进，杨凤. 基于对比分析法的专利情报分析实证研究［J］. 图书馆论坛,2008,28（6）：193-197，204.

［9］赵蓉英，许丽敏. 文献计量学发展演进与研究前沿的知识图谱探析［J］. 中国图书馆学报，2010（5）：60-68.

［10］顾明远. 教育大辞典［M］. 上海：上海教育出版社，1990.

第七节　棉花育种和栽培文献计量研究

我国是传统棉花种植国，棉花是我国重要的经济作物之一，属纺织工业的主要原料，因此，棉花产业的健康稳定发展意义重大。我国是棉花生产大国，以山东省为代表的黄河流域产区作为仅次于新疆的全国第二大棉花生产地区，自然资源丰富，雨热同期，棉花种植传统悠久。2002 年我国加入 WTO 以来，我国棉花产业经济进入了快速发展时期，为探讨棉花学术领域研究进展情况，以黄河流域棉花育种研究领域为对象，基于 Web of Science 数据库和中国知网全文数据库的相关文献内容，采用文献计量学方法和 Citespace 可视化工具，分析我国黄河流域棉花育种和栽培研究进展。

一、数据来源与研究方法

（一）数据来源

1. 国外数据

国外文献样本以 Web of Science 数据库作为数据源，设置检索条件：(TS=(Cotton OR cotton seed*) AND TS=(Yellow River OR Yellow River basin))，时间跨度为"不限"，文档类型（document type）为文章（article），检索日期为 2019 年 9 月 16 日，对结果数据进行清洗与去重后，得到 2 482 篇文献，以此作为国外文献研究的数据样本。

2. 国内数据

国内文献样本以《中国学术期刊全文数据库》（CNKI）作为数据源，设置检索条：(SU='棉花'+'棉种' AND SU='黄河'+'黄河流域'+'盐碱地')，时间跨度为 1949—2019 角，数据库来源类别为"学术期刊"跨库检索，对结果数据进行清洗，得到 963 篇文献，以此作为中文文献的研究样本。

（二）研究方法

1. 文献计量法

文献计量法是一种基于数理统计的定量分析方法，它以科学文献的外部特征为对象，研究文献的分布结构、数量关系、变化规律和定量管理，进而探讨科学技术的某些结构、特征和规律。利用文献计量方法分析国内外棉花研究的现状，可揭示该领域的研究热点和前沿问题，为未来育种工作的开展提供科学依据。

2. 对比分析法

对比分析法是把客观事物加以比较，从数量上展示和说明研究对象规模的大小、水平的高低、速度的快慢以及各种关系是否协调，以达到认识事物本质和规律并做出正确评价的方法。利用对比分析方法将国内外棉花育种文献从时间序列、空间序列上，对国家、机构、期刊、作者、研究热点与前沿等进行横向和纵向的定量对比，从中发现国内外研究的差异，为黄河流域棉花育种研究的发展寻找有利的参考和借鉴。

二、国外文献统计分析

（一）时间序列上的文献特点

在年代分布上，截至 2019 年 9 月，国外文献的总量呈缓慢稳步增长态势，在 2018 年达发文量峰值。由此可见，黄河流域棉花育种在国际上仍然是一个稳步成长中的研究点，发展中虽存在少许波动，但近年来的成果仍保持在较高的状态。

（二）空间序列上的文献特点

1. 各国研究实力

国外文献共涉及 85 个国家 / 地区，其中发文量 500 篇以上的国家仅有中国与美国。其他高发文量国家有印度（218 篇）、巴基斯坦（207 篇）、巴西（188 篇）等，均属耕地面积广、棉花种植面积较大的国家，但以上国家发文数量均相对较低，尤其在前五名之外的国家 / 地区发文数量急剧下降，体现了中美两国在该领域研究中较为明显的头部优势，这意味着我国在棉花育种的研究成果在世界范围内已名列前茅，且已经保持了很长一段时间。

用 Citespace 绘制棉花育种和栽培文献的国家分布知识图谱（图 2-34），结合国家 / 地区的贡献中心度可见，整个合作网络中，各国之间的联系普遍较为紧密，其中，美国、英国、中国、巴基斯坦等国家的中心性较高，占有更高的国际合作比例，在国际合作中优势显著：如英国发文量仅有 60 篇，在 85 个国家 / 地区中排名第八，但因其文献与其他地区机构和学者的合作关系较强，因此在中心度排名中名次明显上升；而中国在该领域内发文量虽高（第二位），但中心性（第三）相对不匹配，这也就反映出我国当前与其他国家的交流合作还有进一步的加强的空间。

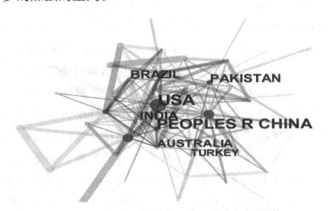

图 2-34　国外文献国家 / 地区分布知识图谱

2. 主要研究机构

棉花育种和栽培文献共涉及 221 个机构，根据普赖斯定律 $N=0.749\sqrt{\eta_{max}}$，η_{max} =159（最高产的研究机构的发文量），核心研究机构的发文量为 10 篇以上，由此得到该研究领域的核心研究机构共计 44 个。发文量最高的机构为美国农业部农业工程应用技术研究所，其次为中国农业科学院、南京农业大学等。利用 Citespace 绘制棉花育种文献的机构分布知识图谱（图 2-35），从整体上来看，核心发文机构主要为农业科研院所和农业高校；从节点中心性上来看，美国农业部农业工程应用技术研究所（ARS）、中国农业科学院的中心性较高，体现与其他机构合作较多，南京农业大学、印度的费萨拉巴德大学发文量高，但中心性低，这也从侧面说明部分农业高校即使论文产出量较多，但是在世界范围内的合作程度与影响力较弱，应加强科研走出去与团队合作，推进协同创新。

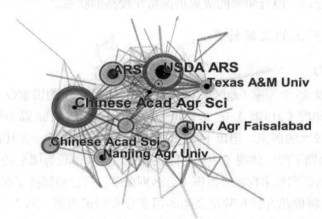

图 2-35　国外文献机构分布知识图谱

（三）研究热点分析

关键词是查找文献的重要检索点，是文献主旨的精炼，高频关键词常被视为一个领域的研究热点。通过筛选、合并、剔除同义词等数据清洗方式，建立棉花育种文献高频关键词库，利用 Citespace 软件绘制关键词共现知识图谱（图 2-36），可以看到除了 "cotton" "gossypium hirsutum" 等与棉花定义直接相关的关键词外，高频关键词还有 "resistance" "population" "upland cotton" "cultivar" "yield" "identification" 等。

以出现频次最高的"棉花"为中心点，通过知识图谱网络寻找其他高频关联词，与其相关的有"陆地棉""纤维质量""鉴定/识别""品种""遗传多样性"等。将这些词汇聚类分析后归纳出 4 个研究热点方向：棉花的代谢产物与纤维素形成机制相关研究，研究内容包括六亚甲基四胺、亚氯酸钠等代谢产物名称；棉花全基因组分析与收益率研究，关键词包括基因、基因组、有利等位基因位点、纤维质量的改善、环境与基因的影响等；棉花抗病性研究，包括棉叶真菌病、病毒病、枯萎病、土壤病、尖孢镰刀菌与转基因技术等；棉花的耕作技术研究，关键词包括生物防治、保护性耕作、聚合稳定性、抗旱、农业生态系统、土壤微生物特性等。

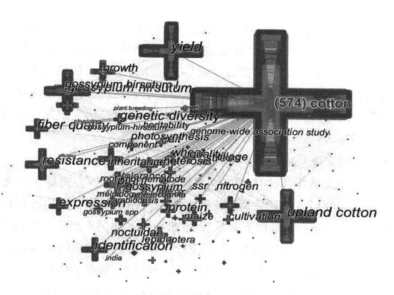

图 2-36 国外文献关键词共现知识图谱

（四）研究前沿分析

对 Web of Science 中棉花育种和栽培文献的主题词按出现时间排序，利用时间序列寻找该领域的研究前沿。借助 Citespace 的时间序列（Time Zone）图谱（图 2-37）。可以看出国外棉花育种和栽培的研究前沿主线十分鲜明，并与研究热点存在交叉，主要体现在 3 个方面：持续性的基础研究，包括基因、基因图谱、基因组选择、遗传结构、数量性状基因位点等；实验技术与方法研究，包括全基因组关联与映射、基因表达和转录、性状标记关联等；种植技术等应用研究，包括盐碱地与干旱环境种植研究、环境互作、品质与产量改良、生理性状等。

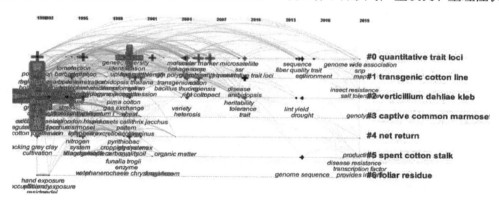

图 2-37 国外文献主题词时间序列图谱

三、国内文献统计分析

1. 时间序列上的文献特点

中华人民共和国成立以来，国内棉花育种和栽培发文数量波动幅度较大，整体呈明显上升的趋势，2014 年发文数量达到最大值，为 83 篇，占总发文量的近 10%，其后三年的发文量开始略有下降，直到 2017 年达到第二个小高峰（66 篇）后，发文量再次开始走低。尽管国内棉花育种和栽培的发文数量近年来呈下降态势，但结合 Web of Science 中国际发文量排名来看，中国的发文量已位居世界前三位，这就意味着国内该领域的研究已日趋成熟，并逐渐与国际研究接轨，寻求更多的国际交流与合作，研究成果也日益得到国际认可，朝着引领国际研究前沿的良好态势发展。

2. 空间序列上的文献特点

中国学术期刊全文数据库中的 963 篇文献共涉及 78 个研究机构，发文量最高的为中国农业科学院棉花研究所，累计发文 129 篇，依据普赖斯定律，国内棉花育种和栽培领域的核心研究机构发文量应在 9 篇以上，共有 20 个机构。除国家级研究机构外，国内棉花主产区山东省、山西省、河南省、河北省、陕西省、新疆维吾尔自治区等地的研究机构数量占全部机构的近半数，这也就能够说明棉花育种和栽培的研究是依托于田间试验基础之上的，种植需求可以拉动科研进步，作物的大面积种植对相关的研究有良性的促进作用。

利用 Citespace 绘制国内棉花育种和栽培研究机构分布知识图谱（图 2-38），经同名合并后可以发现，中心度不为 0 的仅有 4 个机构，分别为中国农业科学院棉花研究所、山东棉花研究中心、全国农业技术推广中心以及南京农业大学农学院。但从合作网络来看，目前我国棉花育种研究领域仅在文献高产机构以及区域内机构之间存在合作。例如，山东棉花研究中心与无棣县棉花生产办公室、山东师范大学生命科学学院之间的，以及江苏省农业科学院经济作物研究所、江苏省作物栽培技术指导站、灌云县农业技术推广中心等为代表的区域内机构合作。由图上并不密集的合作关系网络可以看出，国内棉花育种领域的研究机构合作关系疏远，学术交流与合作有待进一步加强。

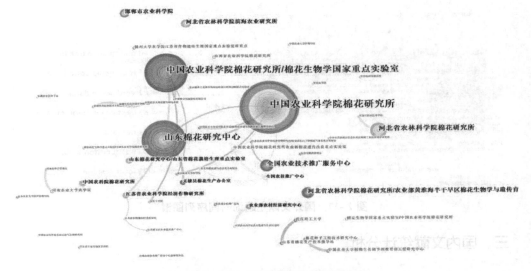

图 2-38　国内文献机构分布知识图谱

3. 作者共被引分析

全部文献共涉及作者 326 位，发文量最高的为 33 篇，依据普赖斯定律，国内棉花育种和栽培文献的核心作者发文量应在 14 篇以上，共有 16 位作者。通过 Citespace 绘制作者分布知识图谱（图 2-39），可以发现国内绝大多数作者的中心性均为 0，一般在自己所在的机构或研究团队内部建立合作关系，并逐渐形成稳定的科研团队，几乎没有跨越团队或地域的合作。例如山东棉花研究中心的董合忠团队、中国农业科学院的杨付新团队等等，可以从可视化图上发现合作关系极为强烈的网络。

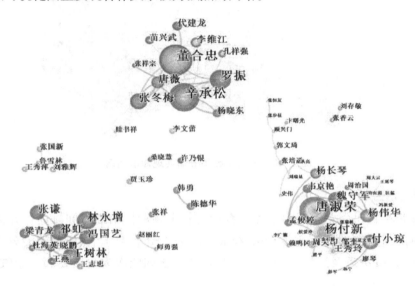

图 2-39　国内文献作者分布知识图谱

4. 研究热点分析

对国内黄河流域棉花育种和栽培文献的关键词进行统计，提取文献中的高频关键词作为研究热点分析样本，利用 Citespace 绘制关键词共现知识图谱（图 2-40），可以看到中心性较高的关键词有产量、纤维品质、机采棉、陆地棉、抗虫棉、杂交棉等。以高频关键词为结点，向四周发散的连线呈交叉复杂的网络状，说明该领域的研究方向和热点众多，并且各个研究方向与热点之间存在交叉关系，这也证实了棉花育种的多学科交叉属性。

对国内棉花育种研究文献中的高频关键词进行聚类分析，得到以下 4 个研究热点：棉花抗病、抗虫的多方面研究，包括杂交技术、转基因技术、DNA 指纹技术的研究、高抗枯萎病品种的培育、农药使用等；区域棉种适应性相关研究，包括棉苗、逆境生理、地面覆盖、抗旱保苗、盐碱土改良等关键词等；棉花纤维品质的改良提升相关研究，包括简化整枝、减免间定苗、精量播种、轻简化栽培等；棉花育种的田间作业实操研究，重点关键词包括品种区域适应性试验、植棉技术、穴播机、点播机、机械化作业、作业效率等。

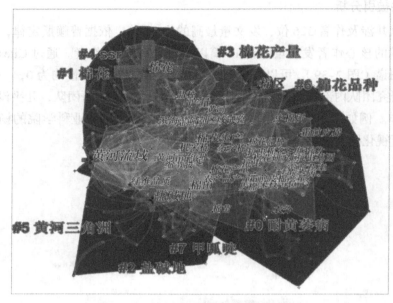

图 2-40　国内文献关键词共现知识图谱

5. 研究前沿分析

对中国学术期刊全文数据库中棉花育种文献主题词按出现时间排序，并进行数据清洗，用 Citespace 绘制时间序列（Time Zone）图谱（图 2-41）。在研究前沿分析中（包含 2018 年数据），按由近及远的时间顺序，凸显的主题词依次为耐黄萎病、盐碱地、产量、黄河三角洲、棉花品种等。

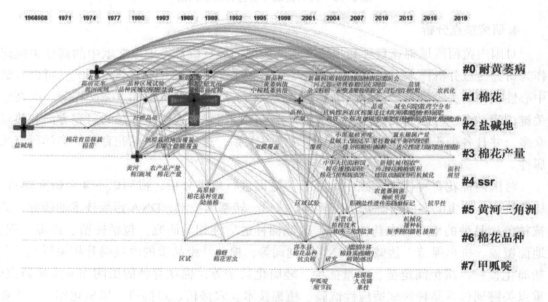

图 2-41　国内文献关键词分布知识图谱

国内棉花育种和栽培的研究前沿与国际研究方向基本相似，显著的特殊之处在于国内研究更偏向通过研究农药成分防治各类病害或通过杂交提升抗病性的方法来提高产量与质量，对于黄河流域棉花育种基因组研究力度较为薄弱，这在一定程度上说明国内育种更重视田间防治操作，通过更为简单、高效、易操作的方式来提升黄河流域棉花整体育种与种植的水平，这与黄河流域耕地面积广阔、人口众多，以及由气候与历史原因导致的较大的棉花需求有关。

四、研究态势分析

培育高产、稳定、优质的棉花品种是改善民生的重大举措，提高棉花育种工作的创新能力和育种水平，使棉花育种朝着高水平、多元化的方向发展，是国内外农业科研工作者的重要研究课题。采用文献计量和对比分析的方法，利用 Citespace 软件绘制国内外棉花育种文献的可视化知识图谱，对现状、热点和前沿进行对比分析，发现国内该领域的研究不仅文献产出量世界领先，研究方向也正在逐步接轨国际先进水平。

展望未来，棉花育种的研究还面临许多挑战，主要包括基因组学、高精尖技术、国际、学科、不同地域不同团队协作网等。就国内而言，发掘并利用棉花耐盐相关基因、建立精准且高通量的表型系统、充分利用生物学技术，实现多优良基因聚合，提高育种效率、改进棉种品质、提高抗病性、应对气候变化以及兼抗型持久抗性将是未来发展的主流趋势。

第八节　棉花育种专利研究

专利是世界上最大的技术信息源，据实证统计分析，专利包含了世界科技信息的90%～95%。同时，专利信息是一种取之不尽、用之不竭的公开性信息源。专利公报、专利分类表、专利年度索引等各种检索工具书称为专利文献，专利文献中包含了丰富的技术信息、法律信息和经济信息，通过对专利文献的分析可以预测科技发展趋势、分析研究潜在市场，为国家、企业制定技术战略布局提供决策参考。

棉花是中国最重要的经济作物，也是除粮食之外最重要的农产品和战略物资。中国是发展中的农业大国，是世界上最大的棉花生产国和消费国、世界纺织品及服装加工中心、世界上最大的纺织品及服装生产国和出口国。因此，棉花产业健康有序的发展对于保障国内棉花有效供给、支撑纺织工业发展、增加农民收入、促进国民经济又好又快发展具有重要意义。

一、数据来源及分析方法

数据来源是智慧芽（Patsnap）专利数据库，以申请专利为统计分析对象。由于《中华人民共和国专利法》（以下简称《专利法》）于 1985 年开始实施，因此选择该平台中 1985 年以来至 2019 年 9 月收录的已公开专利文献，数据统计以专利申请日为准，按照"题名或关键词" or "主题" = "棉花育种"进行检索，共获取到 606 条专利信息，然后采用人工筛选，剔除下载重复、无关的专利。

专利分析分为定量分析和定性分析两种。定量分析又称统计分析，主要是利用专利分析指标，对专利文献有关项进行统计与排序，从而得到研究对象的发展态势等。定性分析又称技术分析，是指通过对专利说明书的内容进行归纳分析，以了解某一技术发展状况的方法。由于搜集到的棉花领域专利文献内容比较全面、详细，故采用定性分析的方法来研究中国棉花领域的专利信息。

二、专利分析

1. 专利申请量的总体发展趋势

专利年度申请与公开数量趋势能够反映出该研究方向的受关注程度以及技术发展趋势。1985—2019 年，已公开的中国棉花领域专利申请总量为 602 件，中国棉花领域专利申请量总体呈现上升趋势，其中 1988—2010 年属于缓慢增长期，年均申请量为 5.5 件；2010 年后棉花育种相关专利的申请量呈现较快增长趋势，在 2010—2012 年 3 年间呈现较为剧烈的增长，表现为由年申请 33 件增长为 74 件，为初期的 2 倍以上。2010 年后，专利申请数量出现了小幅下滑，但基本保持较高位的稳定状态。从未来的趋势看，中国棉花领域专利申请数量将持续增长。

2. 专利类型分析

按照《专利法》规定，专利分为 3 种类型，即发明专利、实用新型专利和外观设计专利。棉花领域专利申请类型以发明专利为主，共计 563 件，占申请总量的 93.5%；其外，实用新型专利共 39 件，占申请总量的 6.5%。

发明专利是对产品、方法或者其改进所提出的新的技术方案，往往代表某一领域的核心技术。由于发明专利申请的费用较高、审查周期长，同时需要申请人本身具有一定的技术水平积累，棉花育种发明专利的申请人主要是科研机构、高校、企业等具备较强科研实力的法人单位。

实用新型专利指对产品的形状、构造或者其结合所提出的适用实用的新的技术方案，主要是一些小发明，虽然创造性和技术水平可能较发明专利要低，但实用价值可能较大，且容易获得授权，因此以个人形成申请的棉花领域实用新型专利较发明专利要多；但是由于棉花育种涉及的研究一般需要一定的实验手段、设备基础与田间实操相结合来进行，需要有研究条件，且科研能力较强的单位或机构支持，因此以个人名义申请的专利绝对数量仍然处于较低水平，未能出现在专利总量排名前15的位置。

3. 专利申请地域分析

根据国家统计局于2018年12月29日发布的《国家统计局关于2018年棉花产量的公告》中关于我国各省（区、市）棉花生产与种植的情况，并对数据做了处理，以棉花种植面积作为排序依据，棉花种植面积由高到低依次为新疆维吾尔自治区、河北省、山东省、湖北省、安徽省、湖南省、江西省、河南省等。

从1985—2019年我国主要省份棉花育种领域专利申请量的分布看，河南省和江苏省两省的申请量最大，合占全国总申请量的近50%，按申请量高低排序，接下来分别是新疆维吾尔自治区、北京市、山东省、湖北省、河北省、浙江省、安徽省等省（区、市）。据2018年国家统计局公布的数据，截至2018年底，我国各省棉花种植面积，新疆维吾尔自治区的种植面积最大，占全国棉花总种植面积的70.6%，河北省（6.28%）、山东省（5.47%）、湖北省（4.75%）、安徽省（2.57%）的种植面积排在前5位。上述棉花种植大省（区、市）与棉花领域专利申请大省（区、市）的分布情况大体一致。但是棉花种植受到地域、气候等因素影响，棉花专利申请则取决于各地区棉花科研实力，因此各地区棉花专利申请量和种植面积的排名并非完全一致，尤其北京市作为唯一的国家性农业研究机构——中国农业科学院的所在处，种植面积与专利产出比例存在不一致也是合理的。

4. 技术发展重点领域分析

IPC（International Patent Classification）即国际专利分类体系，是目前世界各国统一使用的、对专利文献进行分类和检索的工具。IPC根据内容不同，把与专利有关的整个技术领域划分为8个部，每个部是一个独立的技术领域，从部往下又依次划分为大类、小类、大组和小组；IPC的等级结构，层层划分、层层隶属，纵向展开，不断细分。因此层次清晰，容易使人理解。通过对棉花育种领域专利数据的IPC分类号分布情况进行统计分析，以识别棉花领域专利的重点技术领域。

在IPC部的分布中可见，A部（人类生活必需）、C部（化学、冶金）的专利申请量占总申请量占了绝大多数，其他三部（G、D、B）专利申请量仅占总申请量的不到10%。

从IPC大类分析，专利主要分布在A01（农业、林业、畜牧业、狩猎、诱捕、捕鱼）、C12（生物化学、啤酒、烈性酒、果汁酒、醋、微生物学、酶学、突变或遗传工程）和C07（有机化学）3个大类，说明棉花领域专利主要集中在农业技术、遗传工程技术、化学技术3个大的技术领域。

进一步从IPC小类分析，棉花领域专利申请量最多的前5个技术领域依次是A01H（新植物或获得新植物的方法、通过组织培养技术的植物再生）、C12N（微生物或酶、繁殖、保藏或维持微生物、变异或遗传工程、培养基）、C12Q（包含酶、核酸或微生物的测定或检验方法，所用的组合物或试纸，这种组合物的制备方法，在微生物学方法或酶学方法中的条件反应控制）、C07K（肽）和 A01G（园艺，蔬菜、花卉、稻、果树、葡萄、啤酒花或海菜的栽培，林业，浇水）。说明棉花领域专利申请集中在植物培养、微观水平的实验、微生物技术的利用、播种与收割、生物工程、栽培、施肥等具体的技术领域。

5. 专利申请人分析

专利申请人分为企业、科研机构和高校、个人等类型，一个专利如有多个申请人，则按排名第一的申请人所属类型进行统计。棉花领域专利以院校/研究所申请的最多，占总申请量的 71.6%，说明棉花育种领域的原始创新研究和核心技术研发主要集中在科研机构和高校，企业以农化技术、产品研制为主，个人以实用的小发明、小型产品研究为主。分析其原因，一方面是由于棉花是我国重要的经济作物，在国内的种植历史悠久，种植面积广，所以棉花育种的相关研究是一个价值较高、对国民经济发展较为有利的方向，因此各科研院所愿意投入资源来支持这一方面的研究；另一方面是由于棉花育种所需要的相关技术与实验条件更容易在高校或科研院所达成，因此专利产出量较多在这些部门。专利申请量排第二位的是公司，占总申请量的 25.7%，这些大多属于农业技术相关的公司，如创世纪种业有限公司、陶氏益农公司等，他们产出的专利越多，越可以保证其自身推出的新产品的独家性，从而有提升销量与利润的空间，因此公司在棉花育种这方面的专利需求比较旺盛；第三位是个人，仅占总申请量的 5%。

不难看出，企业的专利申请量虽然排名第二，但总量偏低，反映了我国棉花领域相关企业技术创新和研究开发能力不强，而个人和科研机构拥有的专利技术较多，但技术转化的动力不足。因此，企业应主动与拥有专利的个人和科研机构开展技术合作，促进专利的转化实施。

在科研机构和高校中，专利申请量最多的是中国农业科学院棉花研究所，为 140 件，位居其后的依次是南京农业大学和江苏省农业科学院、华中农业大学、山东大学，这与我国棉花种植面积的排名并不是完全一致。在企业中，创世纪种业有限公司以 9 件的申请量排名首位，但在所有机构排名中仅排名第 14。

6. 主要竞争者技术差异分析

专利申请排名前 5 位的主要申请人的技术差异方面，主要的技术领域是 A01 大类，其次是 C12 大类。作为唯一的国家级棉花专业科研机构，中国农业科学院棉花研究所在棉花基础研究和应用基础研究领域具有较强优势，其研究领域较广，特别是在原位杂交技术及分子标记检测方法、栽培技术、新植物或获得新植物的方法、遗传工程方面申请的专利比较多。南京农业大学以 34 件申请量排名全国第二位，该校在棉花育种领域的研究也十分广泛，专利申请涉及棉花生长调节剂、遗传工程、纤维预处理、纤维图像检测等技术领域。

2000 年以来，棉花育种领域专利申请年均增长率较高以上的 5 个技术领域分别是 A01H、C12N、C12Q、C07K 和 A01G，反映棉花新品种及选育方法等领域的技术创新活跃程度和技术实力的增长。由此可以预测，棉花生产的持续发展需要源源不断的棉花新品种，特别是多抗（黄萎病、枯萎病、棉铃虫、棉蚜等）、丰产、优质品种，且需要研制常规育种与生物技术（生物化学、酶学、微生物学）相结合、分子标记辅助等育种技术，提高育种效率。

三、研究态势分析

1. 加大科技投入，促进棉花育种相关技术创新

沿着时间发展的线路，从技术进步角度来看，科学技术的发展对我国棉花育种相关研究做出了巨大的贡献，随着各科研机构的研究实力、经济支持水平越来越高，相关领域的研究进展也越来越大，发展越来越快，因此，依靠科技进步来推动我国棉花产业的发展是必经之路。一方面政府部门要加大对棉花科研的经费投入和科技人力资源投入，应集中某个技术领域的优势科研单位联合开展科技攻关，解决关键技术难题，加强自主知识产权技术创新与保护。另一方面企业要加大自身对科研的投入，通过吸引优秀技术人才，建立企业研发中心，提高企业的自主研发能力。

2. 加强核心技术研发力度，创新知识产权成果

在前沿技术领域，我国要继续保持在棉花转基因技术领域的世界领先地位，在抗虫、抗衰老、抗病、抗除草剂、转基因技术的育种方法、识别检测技术等方面要做好技术储备，有效抵御国外种业巨头的专利入侵，特别是核心技术要申请国际专利，扩大技术影响和保护范围；加强棉花基因组研究，保持棉花新品种如"鲁棉研系列"的品种优势，将可获得的与棉花品质和产量相关生物学、化学等方法和工具、有关的数据库及使用数据库的方法等具有自主知识产权的成果与技术及时申请专利。

3. 加强产学研合作，促进专利技术的转化

我国棉花育种领域的专利申请量呈逐年增长的态势，但大部分发明专利的持有人是科研机构和高校，少部分集中在企业，这种结构不利于专利的转化和运用，要转化为生产力，企业是主力军，企业实际上有条件为专利产业化提供良好的经济基础和人才基础，因此，一方面要加大产、学、研的合作力度，发挥各自的优势，加快棉花领域专利技术产业化的步伐，另一方面要重视技术的熟化，提高专利利用率。

第九节 蔬菜品质育种文献计量研究

长期以来，我国蔬菜品种改良主要致力于产量水平的提高和病虫害抗性的增强，而在蔬菜品质的改良方面重视不足。随着现代经济社会的发展、人们生活水平的不断提高以及蔬菜生产供应量的不断增加，人们对蔬菜产品质量的要求越来越高。一般认为蔬菜品质包括三方面的内容：一是感官品质，即指蔬菜产品的形态、色泽、香气和食用风味等感官性

状的优劣；二是营养品质，即指蔬菜产品的主要营养成分含量的高低，包括各种维生素、无机盐、碳水化合物和蛋白质等，其中维生素 C 占有十分重要的地位，还有一些蔬菜产品含有特殊的营养成分，如胡萝卜中的胡萝卜素，甘蓝叶球中的维生素 U、芦笋中的天冬氨酸的含量等，也都具有重要意义；三是商品品质，即指蔬菜产品作为商品时，其整齐度的大小、一级品、二级品和等外品所占比率的高低。

蔬菜品质育种已经引起人们的广泛关注和高度重视，已经成为蔬菜研究领域的重点研究方向。我国蔬菜品质育种起步较晚，在蔬菜品质育种研究方面与发达国家相比，尚有较大差距，但经过广大蔬菜育种工作者的不懈努力，我国蔬菜品质育种研究进展较快，成效显著，取得了大量的研究成果。以科研成果的重要产出形式高水平文献为研究对象，利用文献计量的方法，从文献的角度，对全球蔬菜品质育种研究进展进行挖掘和剖析。

一、研究方法与数据来源

文献计量法是一种基于数理统计的定量分析方法，它以科学文献的外部特征为对象，研究文献的分布结构、数量关系、变化规律和定量管理，进而探讨科学技术的某些结构、特征和规律。Citespace 是美国 Drexel 大学信息科学与技术学院的陈超美博士与大连理工大学 WISE 实验室联合开发的科学文献分析工具，其开创性地创立了从"知识基础"投射至"知识前沿"的理论模型。Citespace 可将具体的数据导出，并形成知识图谱，将其概念化、可视化，对分析特定领域的研究演进过程有其独特的优势。使用 Citespace 可视化软件，绘制全球蔬菜品质育种文献研究态势的科学知识图谱，对该领域的文献研究成果做出全面的分析和解读。知识图谱连线越密集代表相关关系越紧密，节点越大代表数量越多。

在 Web of Science 核心合集中，以"Vegetable breeding for quality"进行检索，检索时间为 2020 年 1 月 2 日，经数据清洗后，共得到 580 条有效记录，将数据导入 Citespace 可视化文献计量软件进行统计，对全球蔬菜品质育种领域的高水平论文从国家、机构、作者、学科、关键词等角度进行定量和定性的分析，从中挖掘该领域的研究现状、热点与前沿。

二、全球蔬菜品质育种研究文献计量分析

1. 发文趋势

从全球蔬菜品质育种研究发文趋势来看，相关研究文献最早可见于 1971 年，距今已有近 50 年的历史，在总体文献数量方面呈持续上升趋势，其中，发文量最高的年份是 2018 年，全年累计发文 61 篇。1971—1997 年是研究的萌芽阶段，发文量较低；1997—2006 年逐渐进入成长阶段，发文数量渐长；2007 年以后，随着全球相关领域的研究深入，研究逐渐迈入快速发展阶段，发文数量开始大幅增长，但仍未进入稳定发文量的研究成熟

阶段。

2. 国家 / 地区分布

从全球蔬菜品质育种研究文献的国家 / 地区分布来看，在发文量方面，根据普赖斯定律$N=0.749\sqrt{\eta_{max}}$，η_{max}=105（最高产国家 / 地区的发文量），该领域的核心发文国家发文量应在 7 篇以上，有 12 个核心发文国家。统计数据显示，全球蔬菜品质育种研究文献共涉及 38 个国家 / 地区，其中，发文量最多的国家是美国，发文 105 篇，其次是中国，发文 76 篇，西班牙、印度、德国和意大利紧随其后；中心度最高的是中国，达到 0.44，与其他国家合作紧密；从发文国家 / 地区合作关系方面，国家 / 地区合作关系图谱（图 2-42）呈稀疏网状结构，仅在几个高发文国家 / 地区间存在连线，大多数国家都呈孤立点状，说明该领域的国际合作在文献合著方面仍然比较薄弱。在蔬菜品质育种领域我国不仅拥有较高的发文量，中心度也是遥遥领先，在全球该领域的研究具有强劲的潜力和竞争力。

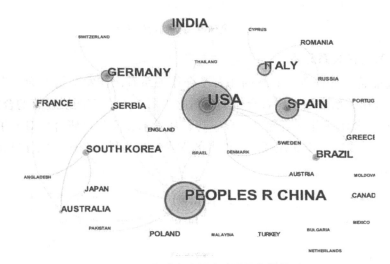

图 2-42　全球发文国家 / 地区合作关系

3. 机构及其合作关系分析

从全球蔬菜品质育种研究文献的机构及其合作关系来看，在发文量方面，根据普赖斯定律，核心发文机构有 14 个，发文量最高的是美国农业部，累计发文 13 篇，其次是瓦伦西亚理工大学（西班牙）、中国农业科学院以及佛罗里达大学（美国）等，其他两个国内的核心发文机构分别是南京农业大学和上海师范大学。在合作关系方面，机构合作关系图谱（图 2-43）网络连线稀疏，比较显著的合作网络是由以美国农业部为核心的美国农业研究局、康奈尔大学以及南达科他州立大学组成的，国内核心发文机构均未形成合作关系。

图 2-43　全球发文机构合作关系

4. 作者及其合作关系分析

从全球蔬菜品质育种研究文献的作者及合作关系看，在发文量方面，未形成显著的高产作者；在合作关系方面，作者合作关系图谱（图 2-44）有四块显著的合作网络区域，四人／三人／两人合作或独立研究呈主导态势，从学术交流与科研合作对成果创新的正向作用方面考虑，需要进一步加强领域内作者的学术交流与科研合作，以促进领域内高水平科研成果的产出。

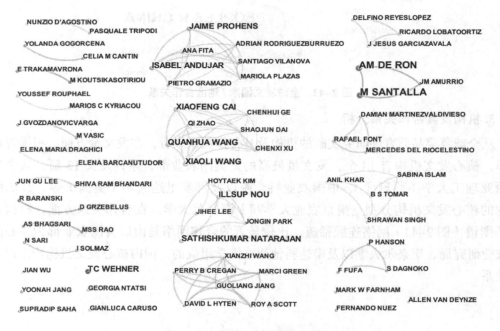

图 2-44　全球发文作者合作关系

5. 学科基础与研究热点分析

利用 Citespace 软件绘制学科共现知识图谱（图 2–45），全球蔬菜品质育种文献涉及的学科主要有 agriculture（农学）、horticulture（园艺学）、plant sciences（植物科学）、agronomy（农艺学、农业经济学）、food science & technology（食品科学与技术）、chemistry（化学）、genetics & heredity（基因和遗传学）等，同时各个学科之间存在较为密切的交叉关系，由此可见，相关的交叉与复合的学科背景将有利于该领域的研究。

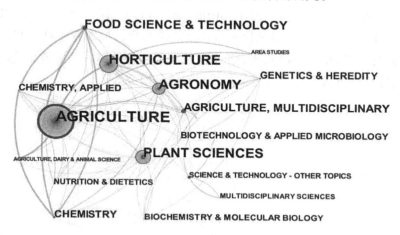

图 2–45　全球文献学科共现

利用 Citespace 软件绘制高频关键词知识图谱（图 2–46），全球蔬菜品质育种文献涉及的高频关键词（频次大于 20）有 vegetable（蔬菜）、quality（品质）、yield（产量）、cultivar（栽培品种）、breeding（育种）、fruit（水果）、plant（植物）、identification（识别）、resistance（抗性）、genetic diversity（遗传多样性）、protein（蛋白质），经过语义分析后可知，全球蔬菜品质育种研究的热点主要集中在从蔬菜生产的实际情况出发，蔬菜优质育种与高产育种、抗逆育种和不同熟性育种等结合进行，由此育成综合性状优良的新品种。

图 2–46　全球文献高频关键词分布

6. 研究前沿分析

利用 Citespace 软件绘制时间序列知识图谱（图 2-47），并进行聚类分析。近年来出现的关键词有 biosynthesis（生物合成）、oleic acid（油酸）、quality evaluation（品质评估）、salt stress（盐胁迫）、sensory（感官评定）、vegetable quality（蔬菜品质）、fresh（保鲜）、expression analysis（表达分析）、total phenol（总酚）、gene silencing（基因沉默）、assisted selection（辅助选择）、isoflavone（异黄酮）等。对关键词进行聚类，得到 transcriptome（转录组）、beta-carotene（β - 胡萝卜素）、quality breeding（品质育种）、GWAS（全基因组关联分析）、biofortification（生物强化）等几个关键类目，抽取其中具有实意的语词进行概念分析，可以探知近年来的研究前沿主要有蔬菜品质评估、蔬菜抗逆品质研究、蔬菜品质基因组与遗传育种方法研究以及蔬菜品质营养成分研究等。

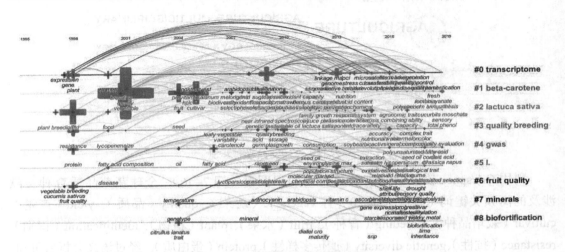

图 2-47　全球文献时间序列图谱

三、研究态势分析

20 世纪 70 年代以前，园艺学家、育种家和广大的蔬菜工作者、生产者都把提高产量作为蔬菜生产和消费领域的中心课题。随着经济社会的发展、环境意识和保健意识的提高，人们从色、香、味、形、营养等品质特性上对蔬菜提出了更高的要求，科学家和生产者也开始把注意力从提高产量转移到改善品质上来，成立了世界范围内的蔬菜品质工作小组，并多次召开了蔬菜品质专题讨论会，就蔬菜品质的概念、研究范围、研究方法，影响蔬菜品质的产前、产后因素，优良品种的选育及蔬菜合理施肥等方面开展了广泛深入的研究。提高蔬菜品质、生产高产优质的蔬菜成为广大科研工作者研究的热点问题之一。

1. 蔬菜品质成分

蔬菜品质成分包括维生素、糖分、硝酸盐、氨基酸、蛋白质、矿质元素含量及大小、形状、色泽、质地等。蔬菜品质成分复杂，不同品质成分间存在一定的相关性。蔬菜的品质成分不仅是综合评价蔬菜品质的重要依据，而且也是蔬菜商品价值的重要体现。各种蔬菜都有一定的或特殊的营养价值，从营养品质角度来看，蛋白质、矿物质、维生素、芳香物质、低热量物质以及粗纤维含量等都是品质成分研究的重点。另外，从安全品质角度来看，各个国家均拥有相应的标准或指标，化学污染（硝酸盐累积、重金属富集、农药残留等）和生物污染（病菌、寄生虫卵等）的程度等指标近年来研究较为广泛。

当前，大气污染、土壤污染、水体污染、农药污染、化肥污染以及农膜污染等危害因素严重制约了蔬菜品质的提升。保护大气、土壤和水源，选择符合环境质量标准的地块作为蔬菜生产基地；增施有机肥、绿肥和生物肥，适量施用优质氮磷钾肥、微量元素肥以及优质复合肥，减少农膜对土壤的污染；优先选用农业措施和生物制剂防治病虫害，最大限度地减少农药用量，改进施药技术，减少污染和残留；推广应用配方施肥技术，注意检测土壤中各种养分含量的变化，并及时补充不足的养分，也要适当监测其中有害物质如铅、砷、汞、镉等的含量，采取必要的措施控制污染，以有效提高蔬菜的产量和品质。

2. 蔬菜品质育种

蔬菜品质既受遗传因素的制约，也受环境条件和栽培技术等因素的影响，具体可分为两个方面：一是遗传因素，即作物的品种特性，它是农作物品质的决定因子，现已证明，植物品质的诸多性状，例如形状、大小、色泽、厚薄等形态品质，蛋白质、糖类、维生素、矿物质含量及氨基酸组成等理化品质，都受到遗传因素的控制；二是环境因素，包括气候因子（温度、光照、降雨等）和土壤因子（水分、养分状况等）。由于遗传因素对品质性状的影响大多数是多基因控制和累加性的，很多品质性状都受到环境条件的影响，这是育种家们通过改善生态因子或改进栽培技术提高植物品质的理论基础。

蔬菜优质育种与抗逆育种和高产育种相结合，因此也可通过基因重组、基因富集和基因导入等多种途径，采用杂交育种、回交育种、优势育种、诱变育种甚至遗传工程等方法结合进行。目前常用的育种方法有轮回选择法、连续自交分离选择法、多倍体育种法以及辐射育种法等。根据不同蔬菜品质构成性状的遗传、传递规律或表现，选用综合性状比较优良的现有品种及某些优质性状比较突出的品种作为原始材料，采用单一的或综合的育种方法，包括常规育种和遗传工程、导入新的基因等现代育种方法，通过定向选育，将可育成优质、高产、多抗的各种蔬菜新品种。

3. 蔬菜品质评估

为了全面了解蔬菜的食用价值和品质优劣，需要建立一套科学的方法对蔬菜品质做出准确、全面、细致的评价，但我国在蔬菜品质的综合评价方面研究较少，且缺乏定量的、全面的、系统的、标准的评价体系，国外对蔬菜品质评价的研究较多，建立了一些评价模式，但主要是集中在对蔬菜的感观品质和贮藏加工品质评价方面。

蔬菜能够提供人体健康必需的维生素、矿物质、蛋白质和水等营养物质，能够刺激人们的饮食、调节人体内的酸碱平衡、促进肠胃的蠕动，是人们生活中必不可少的食品，蔬菜品质的好坏关系到人们的饮食健康。蔬菜的无公害、安全、优质生产既可保护农业生态环境、保障食物安全、满足人们不断增长的物质生活需要和有利于人体健康，也是提高我国农业经济效益和农业可持续发展的迫切需要，是我国农业发展的必然趋势。我国在蔬菜品质调控方面的研究甚少，而当前我国蔬菜污染形势不容乐观，蔬菜硝酸盐、重金属、农药等污染超标严重，成为无公害蔬菜生产的限制因子和影响人体健康的关键因素。因此，迫切需要开展蔬菜无污染、安全、优质生产的育种研究，保障人们食用蔬菜的营养、安全、卫生，为蔬菜品质的大幅度提高和蔬菜资源的科学合理开发利用提供理论依据。

近年来，为了提高蔬菜品质，科研工作者进行了大量的研究和探索，采取一些措施方法来改善其品质，并取得了很好的效果，同时，改善蔬菜的品质涉及多个方面的因素，目前还有许多问题没有解决，还需要进一步在蔬菜生产中进行改进。也有理由相信，未来将会有更多绿色环保的新方法应用到蔬菜育种中，使蔬菜更加健康营养。

第十节　降尿酸食品文献计量研究

痛风是单钠尿酸盐（MSU）沉积引发的组织损伤和炎症性反应，与高尿酸血症直接相关，为嘌呤代谢紊乱、尿酸盐排泄障碍所致的疾病，全世界范围内的人群均可发病[1]。美国人群痛风的患病率约为 3.9%，法国为 0.9%，英国为 1.4% ~ 2.5%，德国为 1.4%，随着生活水平的提高，我国人群的痛风患病率明显增高，为 0.34% ~ 2.84%，与饮食结构的改变有很大关系[2]。我国对于痛风性疾病的研究，在国际上来说还是比较早的。从 20世纪 50 年代，我国就已经首次发表了痛风研究报告，参考文献也有 20 多例[3]。近年来，随着世界范围内痛风发病率的显著增加，对痛风发病机理及治疗的研究越来越多，根据临床经验，痛风的发病机理一般分为尿酸生成增多、排泄减少，因此通过降尿酸的方式控制痛风病情的发展成为重要的治疗方式。从植物的天然成分中提取降尿酸成分，是一种更为安全、健康的方法，对痛风的治疗意义重大。采用文献计量学方法，以 Web of Science 核心合集和中国知网为统计数据源，从国家、机构、作者、关键词和引文等角度，对以"降尿酸食品"为主题的文献进行可视化的计量分析，多维度展示领域的研究动态与发展历程，以期为降尿酸食品研究工作的开展提供科学数据支撑。

一、国外文献分析

以 Web of Science 核心合集为国外文献的数据源，构造专业检索表达式：TS=(gout* OR hypouricemic*) AND TS= (geniposide OR natural hypouric acid products OR hypouric acid drugs OR xanthine oxidase OR uric acid transporter 1 OR human glucose transporter 9 OR organic anion transporter 4 OR xanthine oxidase inhibitor OR uric acid transporter 1 inhibitor OR organic anion transporter 4 inhibitor OR protective effects on renal injury)，检索时间为 2019 年

5月31日，对命中记录进行清洗后，得到1 085条有效记录，使用Citespace等计量分析工具进行数据可视化分析。

（一）国外文献发文量年份分布

Web of Science核心合集中有关"降尿酸食品"主题的发文最早可见于1963年，之后的40年中，发文数量一直很低，说明该阶段的研究并未广泛开展起来；直到2004年以后，发文量才开始增加，增长率达到峰值。尤其是2010—2019年，发文量呈指数级增长，2017年达到峰值141篇。由此可见有关"降尿酸食品"研究是一个崭新的领域，研究萌芽时间虽早，但在近10年才出现大量的研究成果，相较于成熟学科的成果数量，该领域的成果仍只是冰山一角，有待进一步的探索和发掘。

（二）国外文献国家／地区分布

Web of Science核心合集中有关"降尿酸食品"主题的发文国家共有42个，发文量最多的国家为中国，其次为美国、日本、印度、新西兰、德国和韩国等，其中，中国发文272篇、美国发文226篇、日本发文132篇，这3个国家发文量之和就占发文总量的近60%，这也就说明该领域研究的开展在国家层面相对集中。利用Citespace绘制国家分布知识图谱，如图2-48所示。从图中节点和连线的数量关系可以看出，该领域的研究以几个高发文量国家为核心，呈复杂网络状，说明国家间的合作非常密切。美国的节点中心度最高，说明与其他国家开展的科研合作最为紧密，其次为法国、巴基斯坦、日本、澳大利亚和中国等。由此可见，中国的研究成果数量在世界范围内已遥遥领先，但仍需积极拓展与其他国家的合作关系，进一步加强国际科研合作与交流。

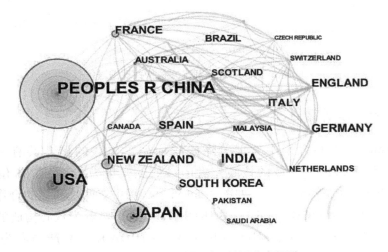

图2-48　国外文献国家／地区分布图谱

（三）国外文献机构分布

Web of Science 核心合集中有关"降尿酸食品"主题的发文机构共有 186 个，根据普赖斯定律 $N=0.749\sqrt{\eta_{max}}$，$\eta_{max}=186$（最高产研究机构的发文量），核心研究机构的发文量为 10 篇以上，由此，该研究领域的核心研究机构共 23 个，发文量最高的机构为 Univ Auckland（新西兰奥克兰大学），累计发文 29 篇，其次为 Jikei Univ（日本东京慈惠会医科大学）、Natl Def Med Coll（日本防卫医科大学）、China Pharmaceut Univ（中国药科大学）、Chinese Acad Sci（中国科学院）、Nanjing Univ（南京大学）和 Univ Otago（新西兰奥塔哥大学）等。利用 Citespace 绘制机构分布知识图谱，如图 2-49 所示。图中有两块连线比较分明的网，分别是以奥克兰大学和芝加哥大学为核心节点、奥塔哥大学和东京女子医科大学为核心节点的合作网。中国研究机构的网络连线较为稀疏，仅有中国药科大学和南京大学的单线合作网，以及以中国科学院为核心的简单合作网，这也就说明国内研究机构在与国际接轨、参与国际合作的能力还有待进一步提升。

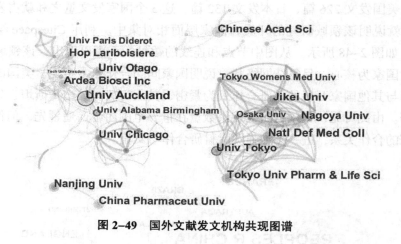

图 2-49　国外文献发文机构共现图谱

（四）国外文献作者分布

Web of Science 核心合集中有关"降尿酸食品"主题的作者共有 349 位，根据普赖斯定律，计算得出该领域的核心作者的最低发文量为 4，共有 98 位作者。利用 Citespace 绘制作者分布知识图谱，如图 2-50 所示。图中有两块凸显的合作关系网，分别是以 DALBETH N、RICHETTE P、BARDIN T 等高产作者为核心构成的关系网和以 MATSUO H、NAKAYAMA A、SHINOMIYA N、ICHIDA K 等高产作者为核心构成的关系网，说明这些作者之间合作紧密。国内以 KONG LD、WANG X、ZHANG X 等和 YONG TQ、CHEN SD 等构成的两个关系网均较为稀疏，说明国内作者的合作关系较为疏远，虽在国际合作中形成凸显的合作网，但仅局限于自身内部，需要更多的发展与国际研究人员的合作。

图 2-50　国外文献作者共现知识图谱

（五）国外文献研究热点与前沿分析

1. 研究热点

文献的关键词是查找文献的重要检索点，利用 Citespace 提取样本文献关键词、统计词频，通过筛选、合并、剔除同义词和近义词等方式对关键词数据进行清洗，对高被引关键词进行时间序列的突发性探测，并绘制关键词共现图谱（图 2-51），通过高频关键词的聚类识别与高被引关键词的探测，分析国外"降尿酸食品"领域的研究热点。

该领域国外文献出现的高频关键词有：gout（痛风）、hyperuricemia（高尿酸血症）、xanthine oxidase（黄嘌呤氧化酶）、allopurinol（别嘌呤醇）、uric acid（尿酸）、serum uric acid（血尿酸）、xanthine oxidase inhibitor（黄嘌呤氧化酶抑制剂）、flavonoid（黄酮类）等，可以看出这些高频关键词均是围绕痛风病本身展开的基础研究。对关键词进行聚类，形成8个聚类：genome wide association（全基因组关联）、xanthine oxidase（黄嘌呤氧化酶）、febuxostat（非布索坦）、serum uric acid（血尿酸）、gout（痛风）、astilbin（落新妇苷）、phase 3 clinical study（第三阶段临床研究）、uric acid nephropathy（尿酸性肾病）。

突发性关键词是某一时间段内突然出现并获得较高关注的词语，该领域研究的突发性关键词最早可见于 1992 年，早期关注度较高的关键词主要有 gout（痛风）、xanthine oxidase inhibitor（黄嘌呤氧化酶抑制剂）、xanthine oxidase（黄嘌呤氧化酶）、allopurinol（别嘌呤醇）、hyperuricaemia（高尿酸血症）；2010 年以后突现的关键词有 non purine（非嘌呤）、medicinal plant（药用植物）、metabolic syndrome（代谢综合征）、*slc2a9*（一种基因）、serum urate（血清尿酸）、efficacy（功效）、coronary heart disease（冠心病）、selective inhibitor（选择抑制剂）、gouty arthritis（痛风性关节炎）、chronic kidney（慢性肾病）、double blind（双盲实验）、lesinurad（雷西纳德）、inadequate response（不充分应答）；结合形成的 8 个关键词聚类，可以看出：该领域早期的研究热点是通过降低人体内黄嘌呤氧化酶的活性抑制尿酸生成来治疗痛风与高尿酸血症；近几年的研究热点主要集中在痛风并发症研究、雷西纳德和非布索坦等降尿酸西药的研制以及从植物中提取降尿酸成分，例如落新妇苷等。

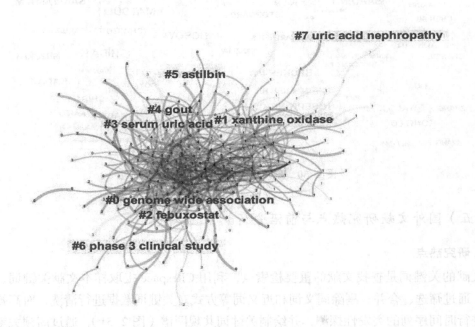

图 2-51　国外文献关键词聚类图谱

2. 研究前沿

利用 Citespace 对共被引文献进行聚类分析，绘制共被引文献聚类知识图谱（图2-52），图中节点大小代表共被引频次、节点的密集程度代表代表研究主题的集中程度、节点与连线形成的颜色区域代表不同的聚类、聚类区域颜色越深说明该区域被引文献受关注度越高。图 2-52 中有 13 个凸显的聚类，本别是 febuxostat（非布索坦）、*slc22a12*（一种基因）、lesinurad（雷西纳德）、crystal arthritis（结晶性关节炎）、xanthine oxidase（黄嘌呤氧化酶）、renal disease（肾功能障碍）、inflammasome（炎症小体）、hepatitis（乙肝）、smilax riparia（牛尾菜）、uric acid transporter 1（尿酸转运体 1）、serum uric acid level（血清尿酸水平）、cardiovascular outcomes（心血管预后）、aronia melanocarpa（黑果腺肋花楸）。

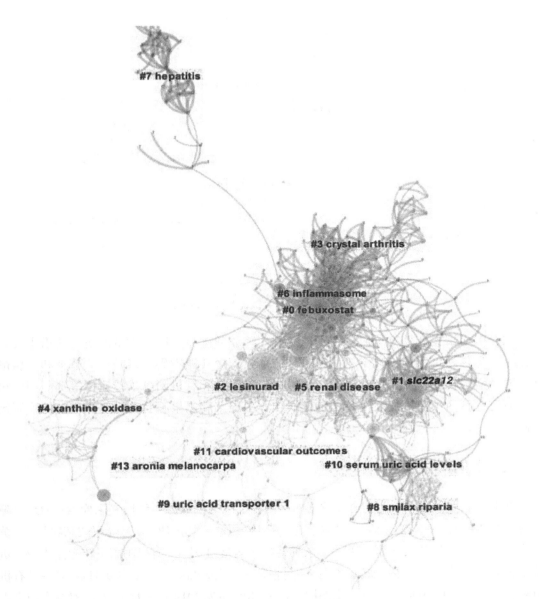

图 2-52　国外文献共被引聚类知识图谱

　　绘制关键词时间序列图谱（图 2-53），可见近年来出现的高频关键词有 genetics（遗传学）、biological evaluation（生物评价）、essential oil（香精油）、glycoside（配糖体）、tophus（痛风石）、organic anion transporter 1（有机阴离子转运体 1）、atrial fibrillation（心房颤动）、obesity（肥胖）、polysaccharide（多糖）、kidney injury（肾损伤）、active site（活性部位）、acid reabsorption inhibitor（酸再吸收抑制剂）、combination therapy（联合治疗）、uricosuric（促尿酸排泄）、uric acid excretion（尿酸排泄）、biological activity（生物活性）、urate transporter 1（尿酸盐转运体 1）、phytochemical（植物化学）、inadequate response（不充分应答）、molecular docking（分子对接）、organic anion transporter（有机阴离子转运蛋白）。

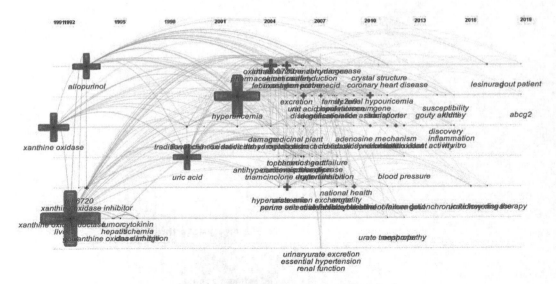

图 2-53　国外文献关键词时间序列图谱

综合引文聚类和关键词时序，可以发现"降尿酸食品"国外文献的研究前沿主要有遗传学、生物评价和植物化学等研究方法的探索；肾功能障碍、结晶性关节炎和心房颤动等痛风病表征的研究；黄嘌呤氧化酶、尿酸转运体和有机阴离子转运体等抑制痛风机制的研究；雷西纳德等痛风治疗药物的研究；牛尾菜和黑果腺肋花楸等降尿酸植物制剂的研究。

二、国内文献分析

以中国知网中国学术期刊全文数据库为国内文献的数据源，使用专用检索：SU='降尿酸'*('痛风'+'高尿酸'+'栀子苷'+'降尿酸天然产物'+'降尿酸药物'+'黄嘌呤氧化酶'+'尿酸转运蛋白1'+'人葡萄糖转运蛋白9'+'有机阴离子转运体4'+'黄嘌呤氧化酶抑制剂'+'尿酸转运蛋白1抑制剂'+'人葡萄糖转运蛋白9抑制剂'+'有机阴离子转运体4抑制剂'+'肾损伤保护'），检索时间为2019年5月31日，对命中记录进行洗清后，得到990条有效记录，使用Citespace等计量分析工具进行数据可视化分析。

（一）国内文献发文量年份分布

中国学术期刊全文数据库中有关"降尿酸食品"主题的发文最早可见于1981年，之后的20年间，发文量一直较低，直到2010年以后发文量才开始大幅增高，并在2017年达到最高值，发文136篇，从发文量趋势看，近年来该领域的研究文献呈指数级增长。该领域研究萌芽期较长，并在1984—1988年存在一段时间的研究空白，近10年来发展较快，成果产出快速增加，也就说明该领域仍处在一个快速发展时期，仍有广泛的研究空间有待探索。

（二）国内文献机构分布

中国学术期刊全文数据库中有关"降尿酸食品"主题的文献共涉及 59 个研究机构，其中最高产机构的发文量为 13 篇，根据普赖斯定律，高产机构的发文应在 3 篇以上，有 10 个机构，仅占全部发文机构的 17%，且所有机构的中心度均为 0，说明机构间合作关系十分松散。利用 Citespace 绘制机构共现知识图谱（图 2-54），江西中医药大学中药资源与民族药研究中心发文量最高，但未跟其他科研机构形成关系网络，出于孤立研究的状态；其他高发文机构，例如广州军区广州总医院中医科、北京中医药大学中药学院、北京大学第一医院风湿免疫科、湖北中医药大学均未与其他机构形成合作关系；图中仅有的一个合作网络是以兰州大学医学院循证医学中心、兰州大学第一临床医学院、兰州大学 GRADE 中国中心、兰州大学公共卫生学院、兰州大学第二临床医学院、世界卫生组织指南实施与知识转化合作中心组成的。由此可见，国内开展该领域研究的机构大都还处在孤立研究阶段，规模较小，未形成稳定的合作关系。

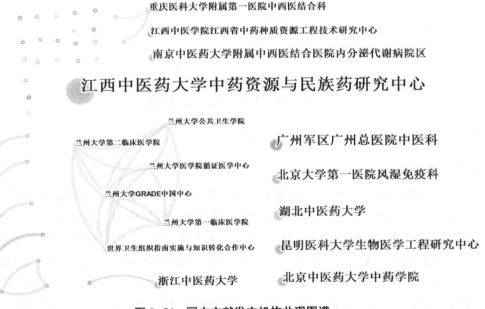

图 2-54 国内文献发文机构共现图谱

（三）国内文献作者分布

中国学术期刊全文数据库中有关"降尿酸食品"主题的文献共涉及 135 位作者，其中最高产作者的发文量是 22 篇，根据普赖斯定律，该领域高产作者发文应在 4 篇以上，有 22 位作者，每位作者中心度均为 0，合作关系松散。利用 Citespace 绘制作者共现知识图谱（图 2-55），可以看到图中有 2 个较为复杂的关系网，3 个三点合作网，8 个两点合作网；以最高产作者朱继孝为核心，协同曾金祥、朱玉野、李敏、钟国跃等几位高产作者形成一个合作密切的研究团体，单位为江西中医药大学中药资源与民族药研究中心；另一高产合作团体为北京中医药大学中药学院的张冰、林志健等。

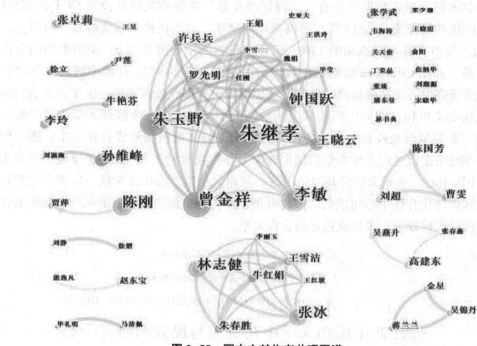

图 2-55　国内文献作者共现图谱

（四）国内文献研究热点与前沿分析

1. 研究热点

对"降尿酸食品"领域国内文献出现的高频关键词进行统计，除与"痛风"和"尿酸"相关的概念性词语外，其他重要的关键词还有黄嘌呤氧化酶、非布他司、氯沙坦、苯溴马隆、别嘌呤醇、秋水仙碱等。对关键词进行聚类（图 2-56），可以看出研究热点主要是围绕慢性肾脏病、黄嘌呤氧化酶、尿酸盐结晶、抗痛风药和心血管疾病五大聚类展开。相比于国外的研究，国内研究热点以痛风治疗药物为主；存在一个显著的不同点，国内对心血管疾病与痛风发病关系的研究更多；植物制剂研究也有开展，例如秋水仙碱。

2. 研究前沿

绘制"降尿酸食品"领域国内文献关键词时间序列图谱（图 2-57），可以看出近年来出现的关键词主要有超声检查、尿酸转运蛋白、氧化应激、心房颤动、血尿酸水平、阿司匹林、临床疗效、尿酸转运子、肾小球滤过率、心脑血管疾病、生物碱等，可见国内的研究前沿主要集中在痛风病诊疗、发病机理、临床治疗等方面。对关键词中出现的植物制剂进行筛选，主要有四妙散、毛蕊花糖苷、车前子、中药、菊苣、土茯苓、茶多酚、虎杖等，这类关键词的出现年份均为 2010 年以后，且词频较低，说明现阶段开展的降尿酸植物制剂研究较少，是一个崭新的研究领域。

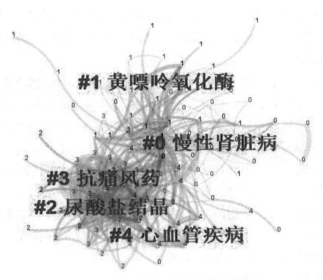

图 2-56　国内文献关键词聚类图谱

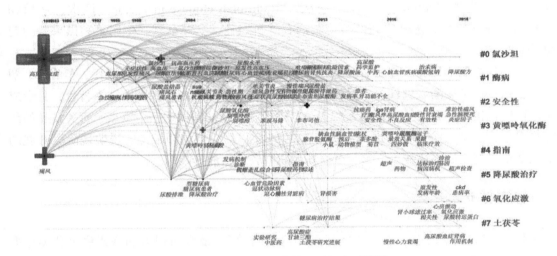

图 2-57　国内文献关键词时间序列图谱

三、研究态势分析

1. 计量指标

该领域的研究从全球发文量角度，中国已超越欧美等发达国家地区，跃居世界第一位，说明研究成果日益得到国际的认可。同时，国内的高产机构，例如中国药科大学、中国科学院和南京大学等在国际领域也已占有一席之地。国内方面，该领域的研究热度一直很高，近年来发文量持续高速增长，江西中医药大学中药资源与民族药研究中心、广州军区广州总医院中医科、北京中医药大学中药学院、北京大学第一医院风湿免疫科、湖北中医药大学等高产机构也都已形成了较为突出的研究成果。但从国家、机构和作者合作方面，仍未形成稳定成熟的关系网，需要进一步加强国内外、机构之间的合作。

2. 研究热点与前沿

国际方面，该领域早期的研究热点主要是通过降低人体内黄嘌呤氧化酶的活性抑制尿酸生成来治疗痛风与高尿酸血症。近几年的研究热点逐渐变得更加广泛，主要有痛风发病机理与并发症研究、降尿酸生物机制研究、降尿酸药物研究等。研究前沿主要有遗传学、生物评价和植物化学等研究方法的探索；肾功能障碍、结晶性关节炎和心房颤动等痛风病表征的研究；黄嘌呤氧化酶、尿酸转运体和有机阴离子转运体等抑制痛风机制的研究；雷西纳德、苯溴马龙等痛风治疗药物的研究。

国内研究热点以痛风治疗药物为主，对心血管疾病与痛风发病关系的研究更多，是一个区别于国外研究的突出点。国内的研究前沿主要集中在痛风病诊疗、发病机理、临床治疗等方面，基础性更强，广泛性稍弱于国外。

3. 降尿酸植物等天然制剂研究

中外文献均可见关于降尿酸植物等天然制剂的研究。通过关键词的统计筛选，国外文献关键词出现"natural product"两次、"traditional chinese medicine"两次，从植物中提取降尿酸成分，国外研究的植物制剂有落新妇苷、木樨草素、牛尾菜和黑果腺肋花楸等。

国内植物制剂研究工作也有开展，例如秋水仙碱、四妙散、毛蕊花糖苷、车前子、菊苣、土茯苓、茶多酚、虎杖等。另外，国内研究具有浓厚的中医和藏医技术特色，且形成了高产的机构和作者，可见研制天然中医、中药制剂是该领域的一个重点，有关食品的研究仍是空白。这类关键词的出现年份均为 2010 年以后，且词频较低，说明现阶段开展的降尿酸植物制剂研究还较少，是一个崭新的研究领域，前景广阔。

参考文献

［1］杨雪，刘磊，朱小霞，等 . 2015 年美国风湿病学会 / 欧洲抗风湿病联盟痛风分类标准评述［J］. 中华风湿病学杂志,2016（2）：141–143.

［2］罗浩，覃俏俊，韦广萍，等 . 痛风的发病机制及诊治研究进展［J］. 内科 , 2019, 14（1）：47–50.

［3］张红玲 . 痛风现代流行病学及其发病机制研究进展［J］. 世界最新医学信息文摘 ,2017, 17（71）：79.

第十一节　降尿酸药物专利研究

　　高尿酸血症（HUA）是指在正常嘌呤饮食状态下，非同日两次空腹血尿酸水平，男性高于 420μmol/L，女性高于 360μmol/L，即称为高尿酸血症。尿酸是人类嘌呤化合物的终末代谢产物。嘌呤代谢紊乱导致高尿酸血症。本病患病率受到多种因素的影响，与遗传、性别、年龄、生活方式、饮食习惯、药物治疗和经济发展程度等有关。根据近年各地高尿酸血症患病率的报道，目前我国约有高尿酸血症者 1.2 亿，约占总人口的 10%，高发年龄为中老年男性和绝经后女性，但近年来有年轻化趋势。高尿酸血症与心血管疾病、慢性肾脏病、代谢综合征等相关，是一种危害人类健康的严重代谢性疾病，是一个亟待解决的公共健康问题。随着蛋白质工程和分子克隆技术的发展，人们对高尿酸血症发病机制和遗传学认识日益加深，新治疗靶点不断被发现，高尿酸血症各种治疗药物相继上市。因此，制药企业和科研机构应当准确把握降尿酸药物的核心技术方向，寻找技术空白点，努力发展新技术，不断推动降尿酸新药的研发。

　　专利囊括了全球 90% 以上的最新技术情报，且内容翔实准确，是技术信息最有效的载体。专利计量将数学和统计的方法运用于专利研究，以探索和挖掘其分布结构、数量关系和变化规律等内在价值。对专利进行分析，利用专利计量分析的方法对技术现状进行挖掘，将为相关研究人员提供有价值的情报信息。基于上述背景，采用专利计量分析的方法来对全球降尿酸药的研究现状和发展态势进行分析，并将部分相关结果进行可视化，以期从情报学角度为降尿酸药物的研究提供理论基础。

一、数据来源及方法

1. 数据来源

　　数据来源于智慧芽信息科技（苏州）有限公司的专利数据库（以下简称智慧芽）。智慧芽根据自身研发项目建立多个专题数据库及专利导航。每个数据库能够根据检索条件实现定期更新，如法律状态、本领域新公开的专利等。定期更新的内容还可以以邮件的形式发送给多个人员进行提醒。采用智慧芽平台检索，智慧芽平台涵盖世界上主要地区的专利数据库，数据库涵盖欧洲专利权，世界知识产权组织，美国、中国、德国、日本、中国台湾等 7 个地区或组织的全文以及 100 多个国家地区的摘要数据，总数超过 1 亿条。

　　以智慧芽专利数据库中降尿酸天然产物领域自 1970 年至今申请的专利数据进检索和采集。采用专利计量学和统计学等方法，从专利申请数量、主要国家 / 地区、专利技术领域、主要国家 / 地区相对技术优势领域多个角度对降尿酸天然产物技术领域的发展态势进行分析。数据检索及下载时间为 2019 年 10 月 15 日，共得到相关专利 1 000 件。

2. 研究方法

采用专利计量分析的方法，结合可视化，从专利申请情况、专利优先权国分布、主要专利权人、热点技术领域等多个角度对降尿酸药物的全球发展态势进行分析。

二、数据及分析

1. 专利申请量的总体发展趋势

2019 年 10 月 15 日在智慧芽全球专利数据库中进行检索，共检索到降尿酸药物专利 1 000 件，起始时间为 1970 年。

专利年度申请与公开数量趋势能够反映出该研究方向的受关注程度以及技术发展趋势，第一件专利是在 1970 年出现的，而一直到 2000 年前只有 7 件，2000 年降尿酸药物专利申请只有 5 项，此后数年专利申请数量很少，一直属于缓慢增长时期。2014 年进入较快发展时期，并于 2014 年达到第 1 个峰值 (102 件)，此后稍有回落。2016 年进入第 2 个快速发展期，于同年达到第 2 个峰值 (140 件)。此后 2017 年再次回落。

由于专利从申请到公开需要经过 18 个月，从未来的趋势看，中国降尿酸药物领域专利申请数量将持续增长。

2. 专利类型分析

按照中国专利法规定，专利分为 3 种类型，即发明专利、实用新型专利和外观设计专利，尿酸药物领域专利申请类型均为发明专利。

3. 区域竞争态势分析

专利申请人就其发明创造第一次在某国提出专利申请后，在法定期限内依法享有优先权，即在之后申请仍以第一次专利申请的日期作为其申请日。在对专利进行分析时，通常把专利的优先权国视为技术的研发和申请国。通过对专利优先权国的分布情况进行分析，能够在很大程度上分析出各国在该领域的重视程度及技术实力。

1 000 件专利的专利优先权国家主要分布在中国（679 件）、美国（124 件）和日本（89 件），三国受理的申请量所占比重达 89.2%。就专利优先权国的分布来说，我国目前掌握着大量的降尿酸药物核心专利。一方面随着国外公司在中国提交的专利失效，我国的相关研究人员已从中筛选出有价值的技术为己所用；另一方面高尿酸血症作为常见的慢性非传染性疾病，随着我国对慢性病管理的重视，医疗保障体系的不断完善，我国降尿酸药物市场目前也表现出持增长的态势。

4. 主要专利权人分布

对降尿酸药物专利的专利权人进行分析，明确该领域的主要申请机构，能够为降尿酸药物市场的机构间合作与竞争提供战略依据。

在这前五名机构中，前四名都是中国的，分别为华南理工大学、中国药科大学、广东粤微食用菌技术有限公司、苏州凯祥生物科技有限公司，第五名是日本的橘生药品工业株式会社。我国专利申请人主要以高校、科研单位及企业为主，排名首位的是华南理工大学，其次为中国药科大学。除此之外，企业也已经逐步认识到专利的重要性，也在努力走创新之路，这也是中国制药企业正在走向成熟的体现。日本的橘生药品工业株式会社也是全球知名的制药企业。

对这些专利的专利权人进行分析发现，专利权人以国内本土机构为主，但总体来看，我国专利申请人布局较为分散，目前没有技术垄断机构出现，在降尿酸未来的发展中需要加强产学研合作，加快科技成果转化。

目前降尿酸药物专利的申请机构仍以国内高校和药企为主，国内自然人申请的降尿酸药物较多且分散，这也在一定程度上说明了国内企业在降尿酸药物研究方面已经有了一定的基础和实力。

5. 技术发展重点领域分析

IPC（International Patent Classification）即国际专利分类体系，是目前世界各国统一使用的、对专利文献进行分类和检索的工具。IPC 根据内容不同，把与专利有关的整个技术领域划分为 8 个部，每个部是一个独立的技术领域，从部往下又依次划分为大类、小类、大组和小组；IPC 的等级结构，层层划分、层层隶属，纵向展开，不断细分。因此，层次清晰，容易使人理解。通过对降尿酸药物专利领域专利数据的 IPC 分类号分布情况进行统计分析，以识别降尿酸药物领域专利的重点技术领域。

从 IPC 大类分析，专利主要分布在 A61（医学、兽医学、卫生学）、C07（有机化学）、A23（其他类不包含的食品或食料及其处理）、C12（生物化学、微生物学、酶学、突变或遗传工程）。说明降尿酸药物领域专利主要集中在医学、化学、微生物学 3 个技术领域。

进一步从 IPC 小类分析，降尿酸药物领域专利申请量最多的前 5 个技术领域依次是 A61P19/06（抗痛风剂，如高尿酸血症或促尿酸尿药）、A61P13/12（用于肾脏）、A61P19/02（用于关节疾病，如关节炎、关节病）、A61P3/10（治疗高血糖症的药物，如抗糖尿病药）、A61P9/12（抗高血压药）、A61P9/10（治疗局部缺血或动脉粥样硬化疾病的，如抗心绞痛药、冠状血管舒张药、治疗心肌梗死、视网膜病、脑血管功能不全、肾动脉硬化疾病的药物）、A61P43/00（在 A61P1/00 到 A61P41/00 组中不包含的，用于特殊目的的药物）、A61P3/06（抗高血脂药）、A61P13/04（用于尿石病）、A61P9/00（治疗心血管系统疾病的药物）。

6. 全球专利热点技术领域分析

利用智慧芽的数据分析工具专利地图对降尿酸药物的 1 000 件专利的标题和摘要进行分析，创建主题全景图，见图 2-58。

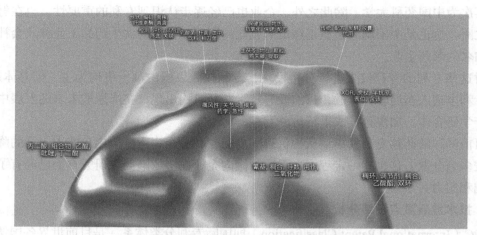

图 2-58　降尿酸药物研究热点的主题地形图

图 2-58 实际显示了专利的总体分布，专利文献在图中用点来表示，专利文献密集处用颜色深度来表示，颜色深度显示了相关专利的密度；专利文献内容越相似，在图中距离越近，最终形成峰，不同山峰区域内的专利文献代表某一特定技术主题；峰间距离越近，其所包含的专利内容相似性越近，反之则越远；颜色深度颜色由深到浅，代表技术主题的重要性逐渐加强，白色表示最高峰，其高点区域是专利文献最密集的地方，是研发中的热点技术，低点区域包含的专利则相对较少。

该领域专利共有 11 个技术热点，其中白色区域共有 2 个，对每个白色区域所包含的专利进行分析，发现全球降尿酸药物专利的热点技术主要包括：丝状、菌株、纤维素酶、真菌治疗研究，该热点颜色深度有 13 件专利；降尿酸药物的检测、试剂盒、筛选和关联研究，该热点颜色深度有 51 件专利；乳酸菌、杆菌研究，该热点颜色深度有 69 件专利；保健食品、抗氧化、保健配方研究，该热点颜色深度有 37 件专利；土茯苓、鸡矢藤、提取的研究，该热点颜色深度有 72 件专利；传统配方、发酵和胶囊的研究，该热点颜色深度有 48 件专利；丙二酸、组合剂、乙酸、丁二酸、吡唑等化合物的研究，该热点颜色深度有 427 件专利；痛风性、关节炎、模型研究，该热点颜色深度有 132 件专利；氰基、耦合、二氧化物研究，该热点颜色深度有 54 件专利；虎杖、半抗原研究热点，该热点颜色深度有 57 件专利；稠环、调节剂、稠合、乙酸酯、双环研究热点，该热点颜色深度有 40 件专利。

通过对降尿酸药物专利的研究热点进行分析，可以发现领域内科研人员在中药提取物的基础上，为治疗高尿酸血症的新疗法和新药物问世问题持续努力，以期能够进一步提高高尿酸血症的临床治疗效果并减少耐药性。

三、研究态势分析

1. 特点

通过对降尿酸药物专利进行分析，发现其技术发展呈现以下特点。

目前降尿酸药物相关技术日益成熟，近些年的年专利申请量均维持在较高水平，发明和创新十分活跃，且目前我国是最大的专利优先权国。

我国专利权人布局较为分散，目前没有技术垄断机构出现，需要加强产学研合作。

目前全球降尿酸药物技术热点主要集中在中医治疗、降尿酸药物物合成、药物制备方法与工艺等方面。

2. 建议

针对上述分析，为了推动我国降尿酸药物的发展，提升我国在该领域的国际竞争力，提出以下几点建议。

高校和科研院所的科研力量雄厚，可加强与制药企业的合作，走产学研相结合的道路，发挥各自优势，加快科技成果转化。

制药企业在关注本领域有效专利的同时，也要加强对失效药物专利中有效技术的关注，对这些失效专利进行有效利用并二次开发，也能形成新的技术和专利。

我国制药企业也可借鉴国外制药企业专利申请的成功经验，围绕核心技术，适时提交专利申请，进行严密且全面的专利布局。

国际合作情况既是研发水平的体现，也是增加研发优势的一种手段，我国应加强与国际上实力雄厚的制药企业的合作。通过合作，及时了解降尿酸药物领域的研究前沿和技术热点，学习国际上的先进技术，以不断提高我国在该领域的国际竞争力。

第十二节 基于深度学习的植物杂交预测文献计量研究

植物杂交育种是指遗传性不同的植物，或同一植物的不同类型与个体之间的雌雄配子进行有性结合，以获得杂种，继而选择培育新品种的方法[1]。目前，杂交育种仍是培育植物新品种最常用、效果最好的途径之一。然而传统的杂交试验资金投入大、时间周期长，杂交结果有很大的随机性，导致新品种培育成效不明显。随着计算机图像处理技术在植物育种中的应用日益广泛，植物表型特征检测已经实现了无损和全自动化，利用图像采集设备获取植物数字图像，然后在计算机中应用深度学习技术进行处理，高效率地获取植物杂交性状与形态信息，从而达到较短实验期内高精度杂交性状获取与预测的目的，将是未来植物杂交育种的发展趋势。

一、深度学习研究概述

（一）深度学习原理

深度学习是神经网络发展到一定时期的产物，最早是在 2006 年由 Geoffrey Hinton 教授及其团队提出，是指基于样本数据通过一定的训练方法得到包含多个层级的深度网络结构的机器学习过程[2]。深度学习是机器学习领域中重要的技术手段之一,是一种自发性的特征学习方法,其核心思想是通过数据驱动的方式,采用一系列的非线性变换,从原始数据中提取多层次多角度特征,从而使获得的特征具有更强的泛化能力和表达能力[3]。经过训练学习的参数优化过程后,深度学习网络对输入的数据进行多层的非线性变换操作,不断耦合低层特征,层层向上,最后得到高层的语义表达。相对于传统的机器学习方法,深度学习网络包含更多的隐藏层,其优势在于可以逐层的改变数据的图像,使得特征空间不断变化,而数据特征可以更容易被识别。

(二)深度学习方法

深度学习由大数据集驱动,不需要领域专家设定目标数据特征,就可以提取到更高维度的特征判别依据,已展示出强大的数据处理优势。特别是卷积神经网络(Convolutional Neural Networks, CNN)、受限玻尔兹曼机(Restricted Boltzmann Machine, RBM)和自动编码器(Auto Encoder, AE)等深度学习方法,已经在图像分类、物体识别与序列特征提取等方面取得了巨大成功。

1. 卷积神经网络

卷积神经网络(Convolutional Neural Networks, CNN)模型是一种监督学习的网络模型,是深度学习中一种有效的自主学习特征的方法,广泛应用于图像分类、目标检测、语义分割等领域[4,5,6],其基本操作包括卷积、池化、全连接等。卷积层的主要特点是训练较少的参数以提取输入数据的特征信息。对于一幅图像,一层卷积层中包含多个卷积核,每个卷积核都能与输入图像进行卷积运算产生新的图像,新图像上的每个像素即代表着卷积核所覆盖的一小片区域内图像的一种特征表示,用多个卷积核分别对图像进行卷积即可提取不同种类的特征。卷积神经网络是一种深层前馈型神经网络,最常用于图像领域的监督学习问题,如图像识别、计算机视觉等。

2. 受限玻尔兹曼机

在诸多人工神经网络模型中,波尔兹曼机(Boltzmann machine, BM)是 Hinton 和 Sejnowski 于 1986 年提出的一种根植于统计力学的随机神经网络[7]。这种网络中的神经元是随机神经元,其输出只有两种状态(显性、隐性),一般用二进制的 0 和 1 表示,状态的取值根据概率法则决定,显性变量和隐性变量之间存在映射关系,但它们内部均不会存在连接,它的训练方式主要是基于对比散度的快速学习算法。从功能上讲,BM 是由随机神经元全连接组成的反馈神经网络,且对称连接,无自反馈,包含一个可见层和一个隐藏层。

3. 自动编码器

自动编码器(Automatic Encoder, AE)是由 Rumlhart 在 1986 年提出,它主要由编码器和解译器两部分构成。自动编码器是一种对称的三层无监督神经网络,分为输入层、隐含层(编码层)和输出层(解码层),该网络隐含层对输入数据编码,输出层重构输入,然后重构误差反向传播调整网络参数,使得隐含层学习到输入的特征,获得最佳的数据表达,从而整个网络拥有无监督自动学习的能力[8]。AE 算法真正关心的不是输出(解码),而是中间的编码,或者说是从输入到编码的映射。

(三)深度学习特点

在人工智能领域,深度学习其实是一种算法思维,其核心是对人脑思维深层次学习的模拟,通过模拟人脑的深层次抽象认知过程,实现计算机对数据的复杂运算和优化。深度神经网络,即学习在多层抽象中表示数据的神经网络,已经极大地提升了语音识别、对象识别、对象检测、预测药物分子活性以及其他许多技术。深度学习的"深度"是指从"输入层"到"输出层"所经历层次的数目,即"隐藏层"的层数,层数越多,深度也越深。深度超过 8 层的神经网络才叫深度学习,含多个隐层的多层学习模型是深度学习的架构。深度学习可以通过组合低层特征形成更加抽象的高层表示属性类别或特征,以发现数据的分布式特征表示。深度学习提出了一种让计算机自动学习模式特征的方法,并将特征学习融入了建立模型的过程中,从而减少了人为设计特征造成的不完备性。在满足特定条件的应用场景下,已经达到了超越现有算法的识别或分类性能。

(四)深度学习在植物育种领域的应用

随着深度学习在 MNIST 数据集数字识别上的成功应用,越来越多的人开始注意到并尝试运用深度学习这种新方法,同时,深度学习涉及的行业也越来越广,应用包含定位、识别、匹配、语音转文本、电商中的商品推荐等。同样,在植物育种领域深度学习也有着非常瞩目的表现。利用长序列个性化植物数据预测基因的表现,深度学习技术可以从大量的组合中筛选出好的组合,帮助育种学家在育种平台上模拟作物的生长,以评估不同生态要素组合下的作物表现,从而加速作物育种速度,缩短作物育种周期[9]。

近年来,深度学习在数字图像处理领域取得了突破性进展,在物体识别、分割等应用上,基于深度学习的图像处理在技术表现上远好于传统方法。在植物表型研究领域,如何使用深度学习技术研究植物表型已成为研究人员十分关注的一项研究问题。Keiichi Mochida 等基于计算机视觉的表型分析,通过建立基因型 / 表型关系的模型,研究了从图像和视频中提取有用信息识别植物表型变化的关键技术,在受控条件下,自动化表型分析平台加速了与模式植物性状相关的基因功能的阐明,在植物性状的临近预测和预测中发挥重要作用[10];Balaji Veeramani 等提出了一种新的应用深度卷积网络 (DeepSort)在现实环境中对单倍体种子进行排序的方法,利用卷积层神经元的激活来识别胚胎区域的网络派生特征[11];Sambuddha Ghosal 等证明了一种机器学习框架的应用能力,在识别和分类不同的大豆叶片中具有显着的准确性,同时提出了一种解释机制,使用 Top-K 高分辨率地形图来隔离用于预测的视觉症状[12];Jordan R. Ubbens 等介绍了一种名为深植物苯组学的开源深度学习工具,该工具可以为一些常见的植物表型任务提供预先训练好的神经网络以及一个简单的平台，可以被植物科学家用来为他们自己的表型应用训练模型[13]。

二、深度学习在植物杂交预测中的应用进展

在 Web of Science 核心合集中构造专业检索表达式 (TS=(plant phenotyp* OR Phenotyp* OR plant)AND TS=(machine vision OR machine learning OR deep learning) AND TS=(hybrid* OR predic* OR plant breed* OR Hybrid predic*)) AND 文献类型：(Article)，检索时间为 2019 年 9 月 6 日，经清洗后得到 1 415 条有效记录，借助 Citespace 等可视化数据分析工具，从国家、机构、作者、主题等方面，分析全球深度学习在花卉杂交预测中的应用进展与发展趋势。

1. 发文量年度变化趋势

全球有关深度学习在植物杂交预测中的应用文献最早见于 1991 年，1991—2004 年，发文量一直较低，2005 年之后，发文量开始呈现增长的态势，直到 2015 年，发文量出现指数级的增长趋势，在 2018 年达到峰值 295 篇。由此可见，近年来深度学习在植物杂交预测中的应用研究热度持续升温，成为领域内一个新的增长点，值得重点关注。

2. 国家 / 地区分布

统计数据显示，共有 51 个国家发表过有关深度学习在植物杂交预测中应用的文献，其中，美国发文量最高，为 567 篇，其次为中国 221 篇，英国、德国、意大利、西班牙等国家紧随其后，说明中国在该领域的研究规模在世界范围内位居前列，研究成果数量遥遥领先于很多欧美发达国家，在国际上的科研实力不容小觑。利用 Citespace 软件绘制国家合作关系知识图谱（图 2-59），可以看出各个国家之间的合作呈现复杂网络状，说明该领域的研究国际合作紧密。中心度代表节点之间联系的紧密程度，中心度高的节点往往与其他节点有着密切的联系。从中心度方面，美国、德国和英国等国家的中心度较高，中国的中心度仅为 0.03，虽然发文量高，但与其他国家的合作关系较弱，需进一步增进国际学术合作，提高全球的影响力。

3. 机构分布

统计数据显示，全球共有 254 个机构发表过相关主题的论文，发文量居首位的研究机构是美国的哈佛大学医学院（Harvard Med Sch）、其次是中国科学院（Chinese Acad Sci）和浙江大学（Zhejiang Univ）、美国的密歇根大学（Univ Michigan）等。结合机构合作关系知识图谱（图 2-60），可以看出，各机构之间的合作关系十分紧密。中国科学院作为国内顶级科研机构，不仅发文量位居前列，合作中心度也很高，在世界范围内具有强劲的学科竞争力，在全球有关深度学习在植物杂交预测中应用的研究领域都有着巨大的影响力。

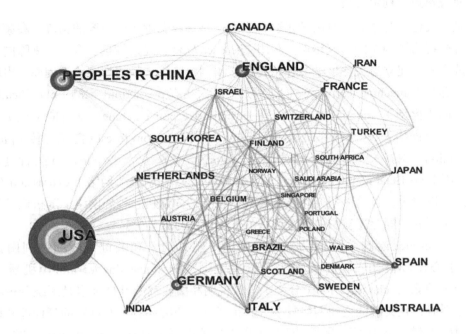

图 2-59 全球发文国家 / 地区分布图谱

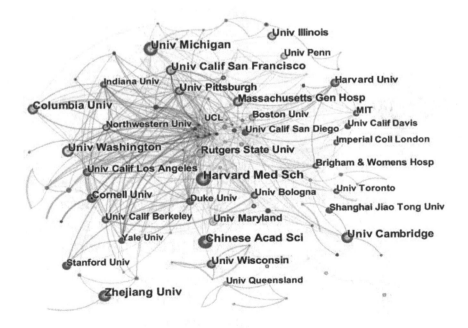

图 2-60 全球发文机构合作关系图谱

4. 研究热点与前沿分析

文献的关键词是查找文献时的重要检索点，是一篇文献研究内容的精炼，高频出现的关键词常被视为该领域的研究热点。利用 Citespace 软件，通过筛选、合并、剔除同义词等数据清洗方式，建立有关深度学习在植物杂交预测中应用文献的高频关键词库，出现频率最高的关键词为 machine learning（机器学习），其次还有 prediction（预测）、classification（分类）、model（模型）、identification（识别）、support vector machine（支持向量机）、neural network（神经网络）、system（系统）、regression（回归）、random forest（随机森林）、plant（植物）、selection（选择）、database（数据库）、algorithm（算法）、deep learning（深度学习）、gene（基因）、artificial neural network（人工神经网络）、network（网络）、expression（表达）等。由此可以看出，领域的研究热点主要集中在支持向量机、神经网络、随机森林等主要的技术方法研究，同时还涉及植物育种中的基因识别与分类等。

利用 Citespace 绘制关键词共现知识图谱（图 2-61）和关键词时间序列图谱（图 2-62）。中心度较高的关键词大多为高频关键词，例如 machine learning（机器学习）、prediction（预测）、classification（分类）等，说明相关研究的开展大多是围绕着核心概念机器学习开展，且关键词之间网络复杂、联系紧密，研究内容具有良好的延伸性和可扩展性。从时间序列图谱中可以看出，近几年出现的关键词主要有 segmentation（细胞分裂）、reflectance（反射率）、genotype（基因型）、artificial intelligence（人工智能）等，从时间序列变化来看，研究重点开始从基础技术研究向技术应用领域研究转变。

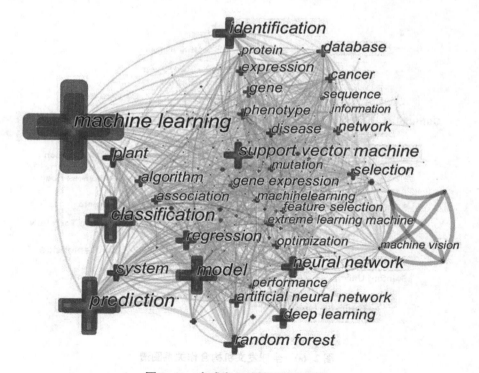

图 2-61　全球发文关键词共现图谱

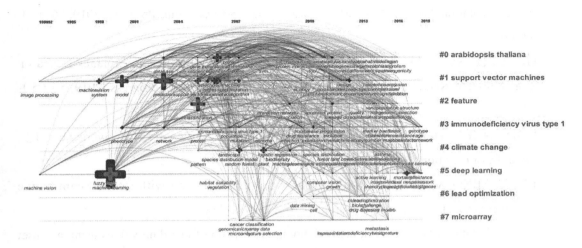

图 2-62　全球发文关键词时间序列图谱

三、研究态势分析

为解决目前主流监督深度学习技术所需训练数据量大、训练标注难于获取、无法确定深度神经网络结构和参数的问题，元学习、深度迁移学习、小样本深度学习、神经网络构架搜索、图神经网络等逐渐成了监督深度学习技术发展的新方向。近年来，随着深度学习技术的不断深入发展和应用领域的延伸，植物杂交预测与深度学习的结合点日益增多，基于深度学习的植物表型分析与杂交预测方法开始凸显出更优的性能。

虽然目前对于深度学习的原理理解依然尚未透彻，深度学习与植物杂交预测的交叉研究之路也才刚刚起步，但可以肯定的是，未来与植物杂交预测各种具体问题相结合的解决方案会不断增多，将会出现更多具有影响力的基于深度学习的植物杂交预测的研究成果，助力未来更智慧、可持续的农业与更安全的粮食生产保障。

参考文献

［1］陈会敏，刘从霞.浅析我国花卉育种途径及研究进展［J］.河北林业科技，2011（1）：70-71.

［2］BENGIO Y. Learning deep architectures for AI［J］. Foundations and Trends in Machine Learning，2009，2（1）：1-127.

［3］徐梦雪.基于深度学习的图像识别技术综述［J］.计算机产品与流通,2019（1）：213.

［4］XU L, ZHAO H T, SUN S Y. Monocular infrared image depth estimation based on deep Convolutional Neural Networks［J］. Acta Optica Sinica, 2016, 36（7）：0715002.

［5］LIU Y Z, JIANG Z Q, MA F, et al. Hyperspectral Image Classification Based on Hypergraph and Convolutional Neural Network［J］. Laser and Optoelectronics Progress, 2019, 56(11): 111007.

［6］OU P, ZHANG Z, LU K, et al. Object Detection of Remote Sensing Images Based on Convolutional Neural Networks［J］. Laser and Optoelectronics Progress, 2019, 56（5）: 051002.

［7］HINTON G E. Training products of experts by minimizing contrastive divergence［J］. Neural Computation, 2002, 14（8）: 1771–1800.

［8］LIU Y, FENG X, ZHOU Z. Multimodal video classification with stacked contractive autoencoders［J］. Signal Processing, 2016, 120: 761–766.

［9］LI B, ZHANG N, WANG Y G, et al. Genomic prediction of breeding values using a subset of SNPs identified by three machine learning methods［J］.Frontiers in genetics, 2018（9）: 237.

［10］KEIICHI MOCHIDA, SATORU KODA, KOMAKI INOUE,et al. Computer vision–based phenotyping for improvement of plant productivity: a machine learning perspective［J］. GigaScience,2018（8）:1–12.

［11］BALAJI VEERAMANI, JOHN W. Raymond, Pritam Chanda.DeepSort: deep convolutional networks for sorting haploid maize seeds［J］.BMC Bioinformatics,2018, 19（9）: 289.

［12］SAMBUDDHA GHOSAL, DAVID BLYSTONE, ASHEESH K. SINGH, et al.An explainable deep machine vision framework for plant stress phenotyping［J］. PNAS,2018,115（18）: 4613–4618.

［13］JORDAN R. UBBENS , IAN STAVNESS.Deep Plant Phenomics: A Deep Learning Platform for Complex Plant Phenotyping Tasks［J］.Frontiers in Plant Science,2017,8:1190.

第十三节 湿地生态环境文献计量研究

湿地是地球上水陆相互作用形成的独特的生态系统，在抵御洪水、调节径流、改善气候、控制污染和维护区域生态平衡等方面发挥着重要的作用，与森林、海洋一起并列为全球三大生态系统。按照国际湿地公约中的定义，湿地是指天然或人工、长久或暂时性的沼泽地、泥炭地、水域地带，静止或流动的淡水、半咸水、咸水，包括低潮时水深不超过6 m 的海水水域。2019 年 2 月 2 日是第 23 个世界湿地日，湿地日主题是"湿地——应对气候变化"。由于湿地在稳定温室气体排放、减缓气候变化等方面影响显著，湿地生态环境保护的重要性日益凸显，相关研究发展迅速。

一、全球湿地生态环境研究文献计量分析

利用文献计量学的方法，通过对 Web of Science 收录的全球"湿地生态环境"主题的文献进行内外部特征的抽取、分析，研究全球湿地生态环境相关文献的高产作者、机构以及热点、前沿等。以 Web of Science 核心合集为研究样本数据源，设置主题 = "wetland ecology environment"，检索时间为 2019 年 11 月 2 日，文献类型为"article"，共获得 1 597 个有效样本，利用 Citespace 软件对样本进行分析，绘制可视化知识图谱，从中探寻全球湿地生态环境研究的现状和发展趋势。

从文献的角度来分析全球湿地生态环境研究的情况。通过文献的计量，分析湿地生态环境领域核心的作者、机构、期刊及关键词等基本信息，然后通过被引文献（Cited Reference）分析知识基础与研究前沿、通过关键词（Keyword）分析研究热点和趋势、通过科目体系（Category）分析学科领域结构，并结合重要文献的阅读来阐述湿地生态环境研究的现状、当前的研究热点以及面临的问题，以期对该领域的文献研究成果做出全面的分析和解读。文中绘制的知识图谱，连线越密集代表相关关系越紧密，节点越大代表数量越多。

1. 发文趋势

从全球湿地生态环境研究发文趋势来看，相关文献最早出现在 1991 年，之后几年的研究一直不温不火，直到 2000 年以后，该领域的研究才开始迈入快速增长期，2017 年达到历史最高峰 120 篇。近年来随着全球对生态环境保护的日益重视，有关湿地生态环境的研究热度不减，增长曲线呈陡坡式，可预见未来该领域仍是一个备受关注的学科增长点。

2. 国家 / 地区分布

从全球湿地生态环境研究文献的国家 / 地区分布来看，在发文量方面，根据普赖斯定律 $N=0.749\sqrt{\eta_{max}}$，η_{max} =314（最高产国家的发文量），该领域的核心发文国家发文量应在 13 篇以上，有 14 个核心发文国家，发文量最高的国家是中国 314 篇，其次为美国、澳大利亚、加拿大、英国、西班牙、巴西以及意大利等；在国家合作方面，国家合作关系图谱（图 2-63）呈复杂网络状，美国中心度最高，在合作中占据主导地位，中国位列第二，也有着显著的合作优势。整体而言，我国在湿地生态环境研究方面的文献成果不管是在规模还是合作方面在世界上都有十分亮眼的表现。

3. 机构及其合作关系分析

从全球湿地生态环境研究文献的机构及其合作关系来看，在发文量方面，根据普赖斯定律，核心发文机构有 8 个，发文量最高的是中国科学院，累计发文 96 篇，其次为北京师范大学、中国科学院大学、美国地质调查局、北京大学、澳大利亚墨尔本大学、澳大利亚格里菲斯大学、阿根廷国家科学技术委员会等；在合作关系方面，机构合作关系图谱（图 2-64）网络连线稀疏，整体合作关系不甚紧密，均是围绕几个高产机构产生的发散网络，国内科研机构中，中国科学院在对外合作中优势显著。全球该领域共有 132 个发文机

构，核心发文机构占比不足 6%，说明该领域的机构研究规模和合作均需求进一步提升。

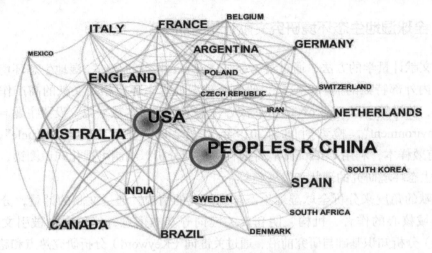

图 2-63　全球发文国家 / 地区合作关系

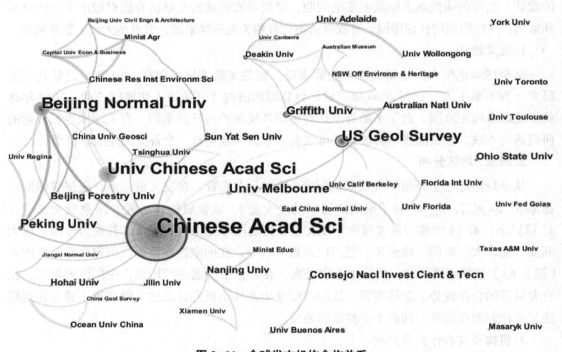

图 2-64　全球发文机构合作关系

4. 作者及其合作关系分析

　　从全球湿地生态环境研究文献的作者及合作关系看，在发文量方面，未形成显著的高产作者；在合作关系方面，作者合作关系图谱（图 2-65）未形成全局合作网络，仅存在少量的四人 / 三人合作，两两合作和独立研究呈主导态势，需要进一步加强领域内作者的学术交流与成果合作。

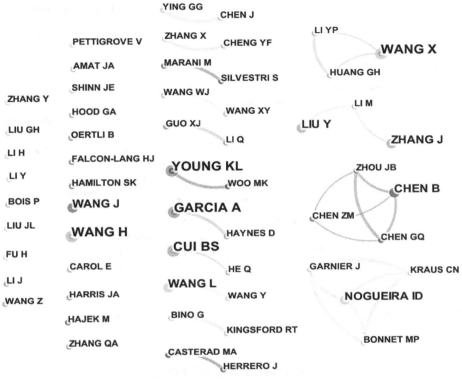

图 2-65　全球发文作者合作关系

5. 知识基础与研究前沿分析

利用 Citespace 软件绘制引文聚类知识图谱（图 2-66），形成 11 个核心类目，分别是 ecology（生态学）、habitats directive（栖地指令）、risk assessment（风险评估）、social preferences（社会偏好）、food web（食物网）、sedimentary processs（沉积过程）、ecological threshold（生态阈限）、biogeochemistry（生物地球化学）、biological invasions（生物入侵）、poyang lake（鄱阳湖）、yanqi basin（焉耆盆地），这些核心类目即是湿地生态环境研究的主要知识基础；绘制时间列图谱（图 2-67），近两年出现的高频关键词有 18 个，分别是 toxicity（毒性）、transport（传输）、risk assessment（风险评估）、precipitation（降水）、ecosystem services value（生态系统服务价值）、pearl river estuary（珠江口）、contaminant（污染物）、reservoir（水库）、bioavailability（生物利用度）、food web（食物网）、trace metal（微量金属）、ecological risk assessment（生态风险评估）、heavy metal contamination（重金属污染）、land cover（土地覆盖）、long term（长期）、city（城市）、trend（趋势）、organic carbon（有机碳），抽取其中具有实意的语词进行概念分析，可以探知近年来的研究前沿主要有湿地生态环境风险评估、湿地生态系统服务价值研究、湿地生态环境污染物研究、城市湿地生态环境研究等。

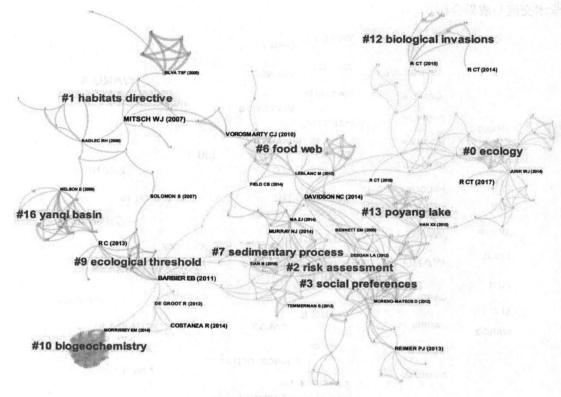

图 2-66　全球发文引文聚类

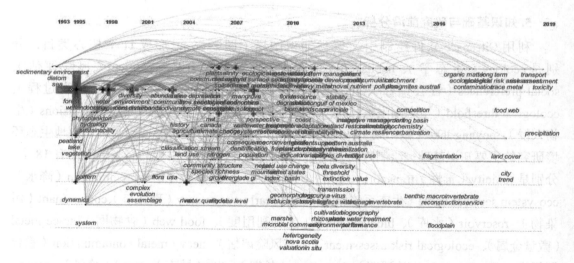

图 2-67　全球发文时间序列图谱

6. 研究热点与趋势分析

利用 Citespace 软件绘制高频关键词知识图谱（图 2-68），出现频次超过 50 的关键词有 20 个，分别是 wetland（湿地）、management（管理）、conservation（保护）、environment（环

境）、biodiversity（生物多样性）、impact（影响）、vegetation（植被）、climate change（气候变化）、water（水）、diversity（多样性）、dynamics（动力学）、ecosystem service（生态系统服务）、pattern（格局）、river（河流）、soil（土壤）、China（中国）、sediment（沉积物）、community（群落）、ecology（生态学）、constructed wetland（人工湿地），经过语义分析后可知，全球湿地生态环境研究的热点仍然围绕着有关湿地生态环境的管理、保护、多样性、影响等方面开展，以基础研究为主，未向相关领域扩散。

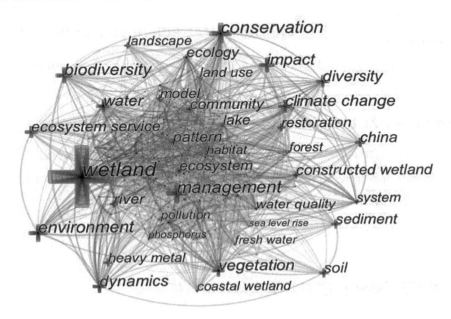

图 2-68　全球发文高频关键词分布

7. 学科领域结构分析

利用 Citespace 软件绘制学科知识图谱（图 2-69），发文量超过 50 篇的学科有 15 个，分别是 Environmental science & ecology（环境科学与生态学）、Environmental sciences（环境科学）、Ecology（生态学）、Water resource（水资源）、Marine & freshwater biology（海洋和淡水生物）、Engineering（工程）、Geology（地质学）、Geosciences（地球科学）、multidiscipline（多学科）、Engineering，environmental（环境工程）、Science & technology-other topics（科技其他学科）、Plant sciences（植物科学）、Physical geography（自然地理）、Geography，physical、Biodiversity & conservation（地理，自然，生物多样性和保护）、Biodiversity conservation（生物多样性保护）。对主要学科进行归类与分析，可见发文最集中的学科是环境科学与生态学，但图中还存在一个明显的学科合作网，为 mathematics（数学）、mathematics，interdisciplinary applications（数学、跨学科的应用程序）、mechanics（力学）、physics，fluids & plasmas（物理、流体和等离子体）、mathematics，applied（应用数学）、physics（应用物理学）、physics，mathematical（物理数学），说明在数学、力学、物

理学等方法论在湿地生态环境研究中已有部分应用。

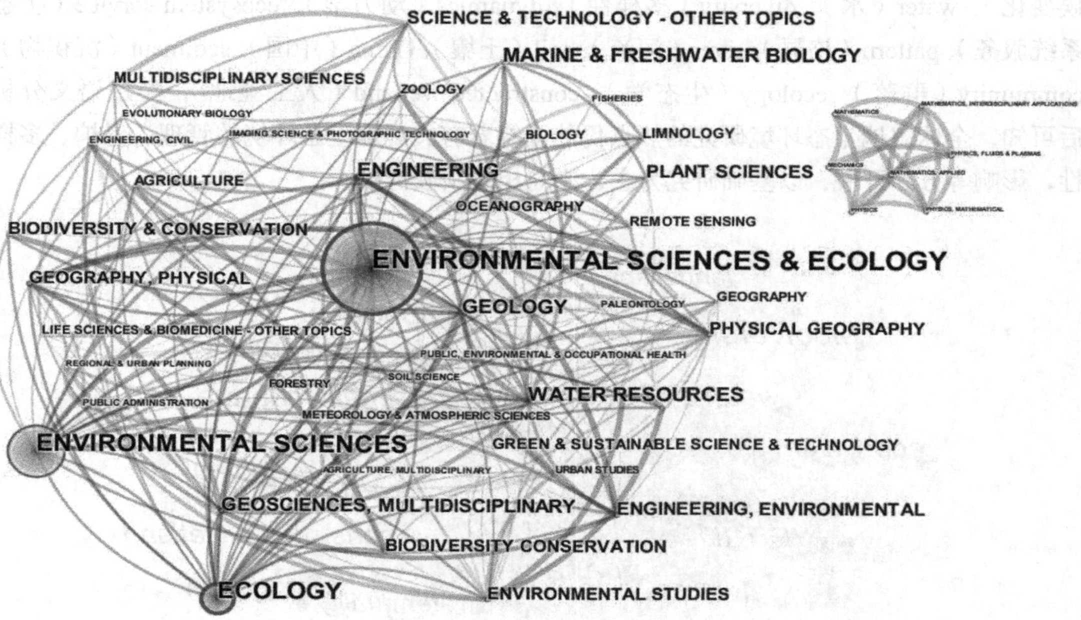

图 2-69　全球发文主要学科分布

二、黄河三角洲自然湿地研究文献计量分析

黄河三角洲是指 1855 年黄河于河南铜瓦厢决口夺大清河注入渤海后冲积形成的近代三角洲，它以垦利县宁海为顶点，地理坐标为 118°07′ ～ 119°18′E、36°55′ ～ 38°12′N，行政区划上 93% 属东营市，7% 属滨州市。构造上，黄河三角洲为中、新生代断块—凹陷盆地，是一个大型复式石油天然气富集区。黄河三角洲属暖温带半湿润大陆性季风气候，自然生态系统具有原生性特征，区内发育了广阔的湿地生态系统，资源丰富。

1992 年 10 月经国务院批准建立了黄河三角洲国家级自然保护区，以保护黄河口新生湿地生态系统和珍稀濒危鸟类为主。根据山东省林业监测规划院 2010 年 8 月编制的《山东省黄河三角洲高效生态经济区林业发展规划》中的湿地数据资料统计，该区域湿地总面积 54.48 万 hm²，其中，近海及海岸湿地面积最大，占湿地总面积的 85%，分居第二、第三、第四位的依次是河流湿地、库塘湿地、沼泽湿地，各占湿地总面积的 6.2%、5%、2.7%，以湖泊湿地面积最小，仅占 1.1%。由于黄河三角洲特殊的地理位置和很短的成陆时间，其湿地生态系统具有明显的脆弱性，因此国内各科研机构开展的相关保护研究也比较多。

在中国知网中以"黄河三角洲自然湿地"为主题进行检索，检索时间为 2019 年 11 月 9 日，共得到 218 条有效记录。从发文量趋势方面看，最早发文可见于 1992 年，2000

年以后研究成果才开始呈现快速增长趋势，与国际湿地生态研究成果的上升时期相吻合，之后虽出现波动，但整体保持上升趋势；从研究机构来看，发文量最高的机构是山东师范大学，其次是山东黄河三角洲国家级自然保护区管理局、中国海洋大学、山东农业大学、山东大学、国家海洋局第一海洋研究所等；从研究主题角度来看，近年来，出现的研究热点有自然保护区、湿地生态系统、湿地景观、保护对策、湿地资源、湿地恢复、湿地系统服务等。

三、湿地生态的保护与可持续发展

中国 1992 年加入《湿地公约》后，开展了一系列富有成效的工作。从 20 世纪 70 年代开始建立湿地自然保护区，经过 20 多年的努力，我国湿地保护管理工作取得了一定的成绩，湿地自然保护区建设明显加强。截至 2004 年底，全国共建立各级湿地自然保护区 473 个，超过 40% 的自然湿地纳入了自然保护区的保护管理范围，得到了较为有效的保护。其中国家级湿地自然保护区 43 处，面积约 402 万 hm^2。这些保护区为保护湿地资源起到了十分重要的作用。2003 年国务院批准的《全国湿地保护工程规划》（2004—2030 年）提出，到 2030 年，使 90% 以上的天然湿地得到有效保护；同时，还将完成湿地恢复工程 140 万 hm^2。

国外基于对湿地的长期观测、湿地遥感监测及数学模型等，模拟湿地生态系统的变化及其演替规律，对湿地退化过程与机理、退化湿地恢复和重建等领域进行深入研究，取得了丰硕成果。中国湿地研究起步较晚，在各个研究领域与国际均存在一定差距，但近年来随着技术创新和研究实力的不断提高，科研成果产出在全球的位置越来越突出，但同时也存在研究中对湿地退化过程与机理认识不够深刻、科研合作不紧密等问题，今后应加强湿地各领域合作与深入研究。

湿地研究热点和重点问题主要集中在以下 6 个领域：人类活动影响下湿地环境的变化规律及对策研究；通过湿地系统的演化研究，明确湿地退化的原因、规律、机理研究；退化湿地恢复与重建研究；湿地生态系统受损过程及其响应机制研究，特别是对气候变化的响应；湿地保护与可持续性研究；湿地资源现状调查和动态监测研究等方面。

第十四节　肉鸡养殖智能控制技术文献计量研究

随着经济的发展和人们生活水平的提高，人们对肉类的需求量不断增加。在中国，鸡肉是仅次于猪肉的第二大肉类消费品。肉鸡消费的增加带动了肉鸡生产的增加，从而带动了肉鸡产业的快速发展。而山东省是我国肉鸡养殖大省，年出栏量占全国的 18% 以上。山东省是我国最早引进白羽肉鸡品种的省份，肉鸡饲养模式、养殖设备不断更新换代，目前规模化饲养 95% 以上，标准化饲养 85% 以上，成为我国肉鸡产业技术发展的引领者。

肉鸡养殖智能控制技术是提高肉鸡产量和质量的重要保障，对农民增收更是意义重大。从文献计量的角度，对国内外肉鸡养殖学科从文献的角度进行计量分析，重点分析肉鸡养殖智能控制技术，探讨学科研究前沿与热点，以期为国内肉鸡养殖智能控制技术的研究与发展提供理论借鉴。

一、研究方法和研究意义

（一）研究方法

1. 文献计量法

文献计量法是指利用数学和统计学等方法对任何与文献有关的媒介及其相关特征进行定量研究的一种科学的研究方法。Citespace 是美国 Drexel 大学信息科学与技术学院的陈超美博士与大连理工大学 WISE 实验室联合开发的科学文献分析工具，其开创性地创立了从"知识基础"投射至"知识前沿"的理论模型。Citespace 可将具体的数据导出，并形成知识图谱，将其概念化、可视化，并且对分析特定领域的研究演进过程有其独特的优势。使用 Citespace 可视化软件，绘制国内外肉鸡养殖智能控制技术研究态势的科学知识图谱。

2. 对比分析法

对比分析法是把客观事物加以比较，以达到认识事物本质和规律并作出正确的评价。对比分析法通常是把两个相互联系的指标数据进行比较，从数量上展示和说明研究对象规模的大小、水平的高低、速度的快慢以及各种关系是否协调。以此为理论基础，分别将现有文献从时间对比分析、国家和地区对比分析、研究机构对比分析、研究热点和前沿对比分析 4 个方面进行实证分析。

（二）研究意义

我国已成为仅次于美国的世界第二大肉鸡生产国，肉鸡产业已成为我国农业和农村经济中的支柱产业。相对于其他肉类产品，肉鸡产品具有较高的饲料报酬率、较快的生长速度，在缓解我国肉类产品的供需压力方面发挥了越来越重要的作用。当然，面对饲料粮资源短缺的状况，肉鸡产业必须注重在现有技术水平下进一步提高生产效率，如此才能在缓解国内肉类供求压力方面切实发挥作用。在分析国内外肉鸡养殖的养殖设备控制、禽舍环境智能调控、禽肉产品生产加工信息采集、质量安全管理以及全产业链智能化精准管理技术等方面进行分析对比，以期为国内肉鸡养殖智能控制技术的研究与发展提供理论借鉴。

二、外文文献的统计和分析

（一）数据的收集

在 Web of Science 核心合集中构造检索表达式 TS=(chicken OR broiler)AND TS=(scale farm* OR house* environment OR control tech* OR smart device)，时间跨度选择为 2008—2018 年，利用分析工具对数据进行去重，最终得到与肉鸡养殖智能控制技术相关的 SCI 文献共 1 517 篇，结合使用文献计量分析工具 Citespace 展开分析。

（二）文献数据分析

1. 外文文献发文量年份分布

2008—2018 年，肉鸡养殖智能控制技术研究相关的 SCI 文献数量总体呈现上涨趋势，2008 年仅有 90 篇文献发表，到 2018 年时，发文量翻了一倍，达到 200 篇。仅从发文量上看，近几年肉鸡养殖智能控制技术研究热度仍然居高不下。具体来看，2013—2016 年发文量增长缓慢，年均保持在 120 篇左右，甚至有小幅度下滑；2017 年的发文量快速上升，与 2016 年相比增长大约 39%，为历年增长率之最；此后每年发表文献数量均超过 200 篇；2017 年是十年中发表相关文献最多的一年，数量为 206 篇。由此可见，2017 年是国际上肉鸡养殖智能控制技术发展的重要增长点，值得重点关注。

2. 外文文献国家／地区分布

经检索共有 59 个国家／地区发表过肉鸡养殖智能控制技术研究相关的 SCI 文献，美国作为农业科技大国，肉鸡养殖智能控制技术相关的发文量居各国之首，共 340 篇文献；中国位列第二，共发表 181 篇文献；巴西位列第三，共发表 165 篇文献。这 3 个国家发表的文献共占文献总数的 45%，接近全球发文量的一半，远远超过其他国家和地区，肉鸡养殖智能控制技术的研究实力在国际上不容小觑，尤其是美国的肉鸡大规模智能养殖技术非常领先。除此之外，第四位的英国，发文量也达到 92 篇，展现出了英国在肉鸡养殖智能控制技术的研究领域拥有一定研究成果。

利用 Citespace 分析各个国家／地区之间的合作关系，形成国家／地区合作关系图（图 2-70）。节点之间存在连线意味着两个国家地区之间产生了合作，可以发现在整个合作网络中，各国之间的联系普遍比较紧密，其中，美国不仅发表文献的数量多，并且与非常多的国家／地区产生过文献方面的合作，中心性也是最高的。西班牙虽然发文量位于第七，但是中心性为 0.23，仅次于美国，位于第二，说明西班牙与其他国家的交流合作比较多。而中国中心性并不算高，和澳大利亚、苏格兰一样，仅有 0.11，从合作的广泛性角度来看，我国仍需进一步加强与其他国家的交流合作。

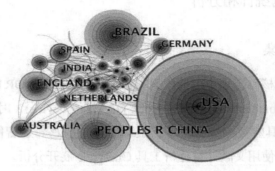

图 2-70   外文文献的国家 / 地区合作关系

3. 外文文献的机构分析

肉鸡养殖智能控制技术研究领域发文共涉及 205 个机构，并且发文量第一和第二的机构都属于美国农业部，排名第三的是爱荷华州立大学，这所大学在生物、农业、机械和物理等学科领域有着世界级声誉，发文量排名前三的机构都属于美国，说明在肉鸡养殖智能控制技术方面，美国的研究比较多。其次为中国农业大学、法国国家农业科学研究院、南京农业大学等。

利用 Citespace 绘制肉鸡养殖智能控制技术研究文献的机构分布知识图谱（图 2-71），从整体上来看，核心发文机构主要为农业科研院所和农业高校；从节点中心性上来看，密西西比州立大学、爱荷华州立大学、爱丁堡大学以及美国农业部的中心性较高，与其他机构合作较多，尤其是这些大学之间合作非常密切；南京农业大学和中国农业大学发文量较高，但中心性低。这也从侧面说明国内农业高校在世界范围内的影响力较弱，应提高科研走出去程度、加强团队合作，共同推进领域研究的协同创新。

图 2-71   国外文献的机构合作关系

4.外文文献关键词分析

文献的关键词是查找文献的重要检索点，是一篇文献研究内容的精炼，高频出现的关键词常被视为该领域的研究热点。中心度代表节点之间联系的紧密程度，中心度高的节点往往与其他节点有着密切的联系。利用 Citespace 通过筛选、合并、剔除同义词等数据清洗方式，建立肉鸡养殖智能控制技术领域的高频关键词库，可以看到除了"chicken"（鸡）、"broiler"（肉鸡）、"poultry"（家禽）、"performance"（性能）和"broiler chicken"（肉鸡）等与肉鸡定义直接相关的关键词外，该领域研究的主要关键词还有"infection"（感染）、"identification"（鉴定）、"prevalence"（患病率）、"salmonella"（沙门氏菌）等，说明在肉鸡养殖智能控制技术领域，关于肉鸡的健康和患病率在大多数研究中有非常重要的意义。另外，高频关键词的出现年份几乎都为 2008 年，这说明近几年刚刚兴起的关键词还未成为研究的热点和主流。

通过绘制关键词时间序列图谱寻找学科研究前沿（图 2-72），同时结合突现关键词检测，聚合形成七大类，可以在一定程度上代表学科研究的前沿问题，分别为"laying hen"（产蛋鸡）、"campylobacter spp"（弯曲菌）、"Korean chicken farm"（韩国养鸡场）、"layer hen manure"（蛋鸡粪肥）、"heat-induced gel"（热诱导凝胶）、"production system"（生产系统）和"guinea bissau"（几内亚比绍）。

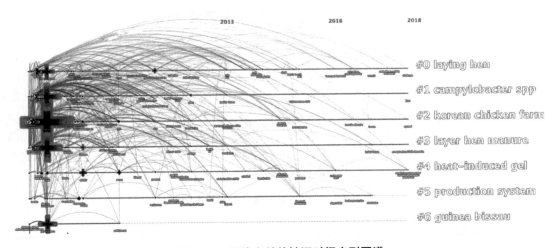

图 2-72　国外文献关键词时间序列图谱

三、国内文献的统计和分析

（一）数据的收集

以中国知网中国学术期刊全文数据库作为数据源，使用专业检索，检索表达式设置为：SU="肉鸡"+"鸡舍环境"+"控制技术"+"智能设备"+"规模化养殖"，时间跨度选择为 2008—2018 年，对结果数据进行清洗，得到有效文献 876 篇，以此作为中文文献的研究样本。

（二）文献数据分析

1. 国内文献发文量年份分布

近 10 年来，国内肉鸡养殖智能控制技术的发文量整体波动幅度不大，整体呈现下降的趋势，2014 年发文量达到峰值，为 106 篇，其后 2015 年出现转折，发文量下降并连续四年维持在 85 篇左右。尽管国内肉鸡养殖智能控制技术相关文献的发文数量呈下降态势，但这样的发文量数据走势说明肉鸡养殖智能控制技术研究已经经过萌芽期和快速发展期，现已逐渐进入平稳发展的成熟期，发文情况从追求高量向追求高质转变，是一个学科走向成熟的重要标志。

2. 作者分析

国内研究肉鸡养殖智能控制技术的学者中，发文量最高的作者共发文 18 篇。利用 Citespace 绘制作者分布知识图谱（图 2-73），可以发现国内学者中心度都为 0，并且图中各节点之间合作网络松散，高密度的合作网络大多出现于单个研究机构或科研团队内部。说明国内学者之间缺少密切合作，跨单位的成果互动和交流需要进一步加强。

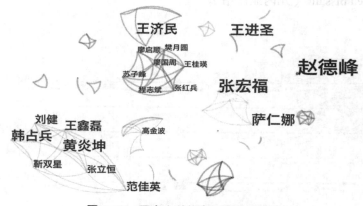

图 2-73　国内文献作者分布知识图谱

3. 机构分析

国内研究肉鸡养殖智能控制技术的机构中，其中，发文量最高的为承德县农牧局，共22 篇；其余的机构发文量都不到 10 篇，分别为河南牧业经济学院动物科技学院、山东寿光鸡宝宝肉鸡养殖专业合作社、中国农业科学院农业经济与发展研究所和中国农业科学院北京畜牧兽医研究所动物营养学国家重点实验室等。

利用 Citespace 绘制机构分布知识图谱（图 2-74），各机构中心度均为 0，合作网络稀疏，需进一步密切机构间合作关系。

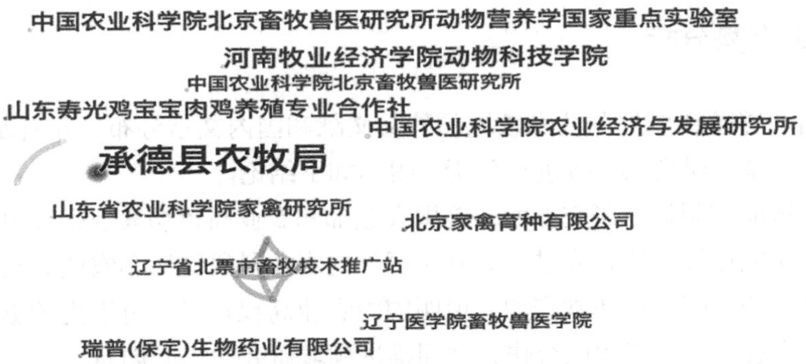

中国农业科学院北京畜牧兽医研究所动物营养学国家重点实验室
河南牧业经济学院动物科技学院
中国农业科学院北京畜牧兽医研究所
山东寿光鸡宝宝肉鸡养殖专业合作社
中国农业科学院农业经济与发展研究所
承德县农牧局
山东省农业科学院家禽研究所
北京家禽育种有限公司
辽宁省北票市畜牧技术推广站
辽宁医学院畜牧兽医学院
瑞普(保定)生物药业有限公司

图 2–74　国内文献机构分布

4. 关键词分析

统计国内肉鸡养殖智能控制技术相关文献的关键词，通过筛选、合并剔除同义词等数据清洗方式，建立高频关键词表，出现频次最高的关键词为“鸡舍”，出现频次和中心度最高的关键词为“生产性能”。其他高频关键词还包括“畜禽舍”“日龄”“饲养密度”“舍内温度”“饲养管理”“肉鸡生产”“肉鸡饲养”和“鸡舍环境”等。高频关键词的出现年份大多为 2008 年，进一步对关键词进行时间序化，绘制时间序列图谱（图 2–75），近两年的研究热词包括垫料、肉鸡生产、混合感染、规模化养殖、风机、鸡舍带鸡消毒和全进全出等；突现关键词包括艾美虫病、肠道细菌感染、普通鸡舍、经济效益、球虫病、开放式鸡舍、免疫程序、混合感染等，这些关键词可在一定程度上代表研究热点。

2008
2010
2013
2016
2018
#0 垫料
#1 肉鸡生产
#2 混合感染
#3 规模化养殖
#4 风机
#5 肉鸡业
#6 肉鸡
#7 鸡舍带鸡消毒
#8 全进全出
#9 饲养
#10 养鸡

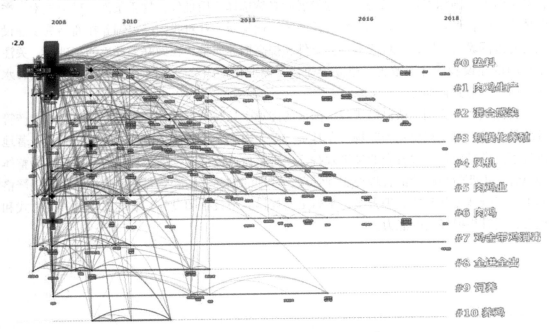

图 2–75　国内文献关键词时间序列图谱

四、研究态势分析

通过对肉鸡养殖智能控制技术领域的外文文献和国内文献分布、作者及其合作关系、机构及其合作关系、研究热点等进行分析，得出如下结论。

肉鸡养殖智能控制技术研究方面，美国农业部和农业高校均表现很突出，说明在技术方面，美国的研究比较多比较先进。尤其是国外的农业科研院所和农业高校与其他机构合作较多，这些机构之间合作非常密切，说明国内农业高校在世界范围内的影响力较弱，应提高科研走出去程度、加强团队合作，共同推进领域研究的协同创新。

西方国家因饲料原料成本低，设备先进，大规模饲养成本比我国低 20% ~ 30%。在美国，前 10 家大型规模养殖肉鸡公司，其鸡肉产量占全美国总产量的 72%，其集约化的程度可见一斑。美国肉鸡生产实行联营合同制，合同肉鸡场全部以场为单位实行"全进全出"制，其规模化生产是以良好的生物安全意识、先进的设备设施以及细致的专业化服务为基础的，三者缺一不可。而我国目前的肉鸡饲养现状是散户粗放式管理与大公司规模化管理并存，只有部分大的集团企业依靠新技术、新设备、新工艺以及先进的管理尽量提高自动化程度，减少人为因素对饲养环境的影响，在硬件和软件投入方面正在缩小和国际先进企业的差距，实现由数量型向质量型的转变。

分析数据可得，目前肉鸡养殖智能控制技术研究方面，肉鸡大规模养殖还是以"全进全出"和防治肉鸡的各种病为重点。生产规模化、行业标准化、设施现代化，是中国肉鸡在竞争激烈的国际市场中求得生存与发展的必然选择。用现代化物质条件、科学技术、产业体系、经营形式、发展理念引领规模肉鸡产业发展。针对我国肉鸡饲养在商品鸡场建设上与先进国家的差距，积极改善饲养条件和提高饲养质量。在做好大环境的基础上，关注小环境的建设和硬件的改善，建立规模化、标准化密闭鸡舍，网上饲养，实现料线、水线、通风、清粪自动化。

我国是禽业大国，研制适于我国国情的肉鸡生长与动态营养需求模型和配套的生产管理软件技术，对于规模化养鸡场，尤其是一条龙肉鸡企业将产生深远的影响，必将显著地改进家禽产品质量，提升企业经济效益，促进家禽业可持续发展。规模化家禽养殖是整体的概念，主要包括环境的合理控制和管理，合理的饲养方案和营养程序的设定，建立严格的生物安全体系和健康管理方案，不断更新规模养殖设备和设施，确定正确的养殖方式和理念，提升规模经营的能力。

第三章　农业产业分析

第一节　平阴玫瑰产业分析

玫瑰是蔷薇科蔷薇属丛生灌木，是名贵的天然芳香植物，在工业、医药、食品、化妆品、保健品、洗涤品等领域具有广泛的应用价值和经济价值。山东省平阴县是我国著名的"中国玫瑰之乡"，作为"一带一路"东方玫瑰的起点，平阴县种植玫瑰已有 1 300 多年的历史。为全面了解平阴玫瑰生产、加工、消费等状况，提出平阴玫瑰产业发展建议，通过查阅资料等方式对平阴玫瑰产业进行综合调查分析。从生产情况来看，2016—2018 年，平阴玫瑰总产量相对稳定。从消费情况来看，"互联网＋玫瑰产业"模式的发展，使鲜花电商迎来良机，深加工产品需求呈上升趋势；从市场运行情况来看，平阴玫瑰价格与生产成本相关性大，呈现出一定的波动性；从前景来看，电子商务和文旅产业将给平阴玫瑰产业带来新的机遇。

一、产业概述

玫瑰属蔷薇科落叶灌木，原产于我国中部至北部的低山丛林地区，朝鲜、日本等国也有分布。玫瑰作为世界著名的观赏花卉之一，既有美化、绿化环境的作用，又可以加工成食品、饮品，还可以用做药品、化妆品的配料，具有较高的经济价值。改革开放以来，我国由计划经济向市场经济转型，农业生产方式也产生了翻天覆地的变化。20 世纪 80 年代，农业产业化做为一种新的发展模式从山东省寿光市的蔬菜种植发展起来，并在全国农产品领域产生示范和带动效应，极大地促进了我国农业生产的快速发展。玫瑰产业属于农业产业的范畴，是以玫瑰为生产对象的各种经济活动的集合，包括玫瑰的种植、加工、销售以及衍生而来的旅游、文化等环节的一系列经济活动的总称。

平阴玫瑰是一种丛生灌木，属蔷薇科蔷薇属植物，以瓣多瓣厚、花大色艳、香气浓郁纯正、含油量高等优点誉满全球。株丛高度 1.2 ～ 2.0 m，冠幅 1.0 ～ 1.8 m，植株由根、枝、叶、花、果五部分组成。平阴玫瑰具有适应环境能力强的特性，耐旱、耐寒、耐瘠薄，在酸至微碱性土壤中均能正常生长。目前，常见的平阴玫瑰包括粉紫枝玫瑰、重瓣红玫瑰、紫枝玫瑰、丰花玫瑰、重瓣白玫瑰、西胡一号、西胡三号等品种。

1. 第一产业发展情况

第一产业包括玫瑰良种苗木选育、新型玫瑰资源选育、低产低效玫瑰种植区的品种改造、观赏型玫瑰花卉供给等。近年来，平阴县委、县政府高度重视玫瑰产业，结合农业产业结构调整，以"农业增效，农民增收，财政增长"为目的，把玫瑰产业作为全县的主导特色农业产业来抓，平阴玫瑰生产进入了一个快速发展阶段，全县玫瑰花种植规模不断扩大。目前，平阴县玫瑰栽培有50余个品种，用于大田生产的品种主要有平阴重瓣红玫瑰、丰花玫瑰（1号）和紫枝玫瑰，引进油用玫瑰新品种格拉斯、大马士革玫瑰等。在产业规范上，平阴打造了10万亩①玫瑰种植基地、1万亩传统玫瑰保护区，建立了平阴玫瑰品牌标准化规范管理体系。

1959年成立的平阴县玫瑰研究所是全国成立最早的玫瑰花专业科研机构，也是平阴玫瑰育种栽培、病虫害防治、产品加工技术研究及推广的主要机构。2005年以来，平阴县玫瑰研究所先后对引进的大马士格玫瑰、格拉斯玫瑰进行了嫁接繁育实验，并取得成功，改变了我国传统育苗方法，加快了油用玫瑰新品种的繁育、种植及推广。此外，平阴县玫瑰研究所每年都会举办玫瑰花栽培技术学习班，向花农推广嫁接玫瑰、花粮间作、快速育苗、锈病防治等实用技术和管理技术，极大地促进了花农增收，推动了玫瑰产业的发展。

2. 第二产业发展情况

第二产业包括玫瑰干花、玫瑰纯露、玫瑰花茶、玫瑰食品、玫瑰饮品、玫瑰医药、玫瑰保健品、玫瑰精油、玫瑰香水及玫瑰系列化妆品的提取加工，玫瑰产业研发与科技创新，玫瑰加工机械设备的制造与研发等。

近年来，玫瑰加工企业以玫瑰花的深加工开发为突破口，不断拓宽加工领域、改善加工工艺，研发出了玫瑰化妆品、玫瑰食品、玫瑰精油、玫瑰饮品、玫瑰保健品、玫瑰家纺等产品，受到消费者的广泛好评。平阴县已形成以医药、化工、饮用、酿酒、香料等为主要支撑的加工体系，生产企业达20家。其中，以济南惠农玫瑰精油有限公司为主的龙头企业有5家，有11家企业按国家食品QS质量要求建立起了标准化的生产车间。而且，平阴已将玫瑰产业定位为特色优势产业，通过申请原产地域保护、争创国家和省级标准、实施国家农业标准化示范区建设、参加各种展会争创名牌农产品等形式，不断加大品牌创建与发展力度。尤其是平阴玫瑰获得了2020年度创建山东省优质产品基地品牌价值证书，品牌强度830，品牌价值172亿元。

另外，以平阴县玫瑰研究所为代表的政府主导研发力量，先后取得了玫瑰舒心口服液项目、"中国玫瑰油"整理技术研究项目、利用超临界技术深度开发平阴玫瑰项目、玫瑰鲜花细胞液生产技术开发项目等一系列科技成果，进一步开发了平阴玫瑰的深层价值。

3. 第三产业发展情况

第三产业包括玫瑰小镇、玫瑰风情园、玫瑰休闲度假区及相关服务业，以及玫瑰产业

---

① 1亩 ≈667m²。

金融服务，玫瑰产业科技成果转化，玫瑰产业标准体系建设，现代物流，电子商务等。

玫瑰小镇依托平阴玫瑰千年历史文化和 6 万亩玫瑰种植规模，以首个省级重点建设项目——华玫玫瑰制品研发及深加工项目为抓手，建设特色突出、布局合理、配套齐全、环境优美的全国文化旅游名镇，打造以玫瑰文化旅游产业为主导的集科技研发、文化创意、展示销售、优质种植、玫瑰产品深加工产业等为一体的玫瑰全产业链。除了延伸产品的开发外，小镇还将以玫瑰为主题，高标准建设综合服务区、世界博物馆、玫瑰深加工区、玫瑰研发中心、婚庆文化体验区、慢游观光区、世界博览园、民俗文化风情区八大功能区，并最终形成"一带、一环、两核"的空间结构形态，全方位提升和拓展旅游层次和服务水平，使之成为济南全域旅游战略布局的一张新名片，从而打造成为国家玫瑰文化旅游胜地、玫瑰主题养生度假目的地、特色产业创新发展高地和智慧旅游小镇示范区。

2015 年首届平阴玫瑰电商节开幕以来，电商平台首次组团迎接平阴玫瑰。京东商城平阴特产馆正式上线发布运营，运行一年来，取得山东省特产馆销售第一的业绩。借电商节的举办，本地企业电商发展提升明显，企业线上平台逐步走向成熟，线上业务收入逐步增长，营销手段更加多元化。

二、发展现状

（一）生产现状分析

1. 种植面积相对稳定，种植区域相对集中

2016—2018 年，平阴玫瑰种植面积变化相对稳定，基本在 1 600 hm² 左右（图 3-1），平均约 1 673.67 hm²。然而，与 2015 年相比，2016 年平阴玫瑰种植面积略有下降，下降率为 1.82%。平阴玫瑰种植区域主要集中于玫瑰镇（图 3-2），已形成以玫瑰镇为中心的玫瑰生产基地产业带。产量前三位的城镇、街道分别是玫瑰镇、孔村镇、锦水街道，产量占比分别为 74%、16%、4%，已达到平阴玫瑰总种植面积的九成以上。

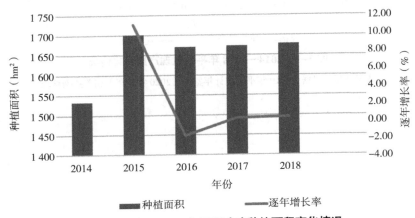

图 3-1 2014—2018 年平阴玫瑰种植面积变化情况

数据来源：根据《2019 年平阴统计年鉴》（2020 年发布）相关数据整理

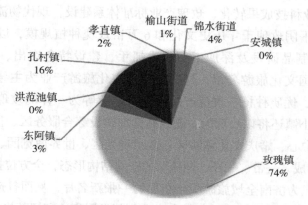

图 3-2   2018 年平阴玫瑰种植面积各街镇所占比重

数据来源：根据《2019 年平阴统计年鉴》（2020 年发布）相关数据整理

2. 产量相对稳定，主产区明显聚焦

如图 3-3 所示，2016—2018 年平阴玫瑰产量相对稳定在 1 700 t 左右。由于种植面积的增加，2015 年平阴玫瑰产量达到峰值 1 755 t。如图 3-4 所示，2018 年，平阴各街镇中，玫瑰镇以 1 477 t 的平阴玫瑰产量稳居第一位，占总量的 87%。其余产量较多的锦水街道、孔村镇、东阿镇分别占总产量的 4%、3% 和 3%。平阴玫瑰产区明显聚焦在玫瑰镇一带。

图 3-3   2014—2018 年平阴玫瑰产量变化情况

数据来源：根据《2019 年平阴统计年鉴》（2020 年发布）相关数据整理

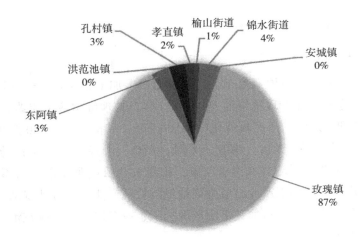

图 3-4　2018 年平阴玫瑰产量各街镇所占比重

数据来源：根据《2019 年平阴统计年鉴》（2020 年发布）相关数据整理

（二）消费特征

1. 消费渠道线上线下联动

传统的玫瑰销售是"坐门等客"，主要依靠外商组织出口。一方面使花农利益受损，中间商赚取的利润是花农的几倍甚至十几倍；另一方面造成玫瑰生产受制于人，一旦市场价格下滑，客户不来收购，玫瑰花就会滞销，直接挫伤农民的生产积极性。随着电子商务应用的深入融合，"互联网＋玫瑰产业"正以前所未有的速度发展，鲜花电商将迎来良机，向着更深层次和更广阔的领域延伸，市场空间不断扩大。2019 年以来，直播电商模式迅速发展，电商运营模式迎来新的发展机遇，玫瑰产品具有地域特色，也适合直播电商这种较为年轻的运营模式。

2. 品牌打造与节庆活动助推平阴玫瑰消费

2018 年起，平阴县抓住平阴玫瑰被列入山东省知名农产品区域公用品牌和济南市十大农业特色产业的重大机遇，按照"让世界爱上平阴玫瑰"的品牌发展思路，坚持"厚植产业、培育优势，园区引领、科技支撑，链条延伸、融合发展，刷靓平阴、富民强县"的理念，先后出台产业规划、品牌打造、园区建设、融合发展等系列举措，着力把"平阴玫瑰"打造成平阴的城市名片、产业品牌和文旅地标。另外，以平阴玫瑰为主题的节庆活动越来越多，如 2017 年平阴玫瑰文化节，设有玫瑰产业高峰论坛和"一带一路"玫瑰合作论坛两个环节。玫瑰产业高峰论坛以"玫瑰优质高效栽培与种质资源创新利用"为主题，是对前两个年度"玫瑰香精香料""玫瑰药食同源"议题的丰富和扩展。平阴玫瑰的品牌打造与相关节庆活动进一步促进了平阴玫瑰消费和当地经济发展。

（三）加工与流通特征

1. 加工企业及产品

截至 2019 年，平阴玫瑰种植遍布全县，规模以上加工企业 46 家。年产干花蕾 2 000 余吨，花冠 1 000 余吨，年产玫瑰精油 500 斤[①]，年产玫瑰细胞液（纯露）4 000 余吨，年产玫瑰酱（膏）2 500 余吨，年产玫瑰化妆品 25 万套，其他产品 1 800 余吨，先后培育壮大了华玫、紫金、贝思特、芳蕾、惠农、天源、九州、天卉、万丰等 10 余家玫瑰加工企业。其中，已发展成省级林业龙头企业 7 家，市级农业重点龙头企业 12 家，带动全县玫瑰种植户 2 万余户。玫瑰加工产业已成为当地经济特色产业，对拉动城镇居民就业、促进区域经济发展具有重要意义。目前，平阴玫瑰加工企业多以加工玫瑰花蕾、玫瑰花茶、玫瑰酱等传统产品为主业。

2. 平阴玫瑰深加工消费需求潜力大

平阴县不断引进和扶持玫瑰加工企业，从玫瑰茶、玫瑰酱、玫瑰膏等玫瑰食品，到玫瑰细胞液、玫瑰精油、玫瑰化妆品，衍生产品陆续被开发出来。随着我国消费者购买力的不断提升和情感抒发逐渐趋于欧美国家的浪漫化表达，玫瑰花市场需求也得到充分的释放，鲜花消费的个性化和定制化将是未来发展趋势。

3. 流通体系日趋完善

平阴玫瑰流通主体包括花卉公司和个体农户、花卉加工公司、花卉批发市场、区域分销商、零售商等，各主体需经过物流运输，把生产出来的花卉运送到各个销售网络。其中，花卉加工公司对生产出来的鲜花进行一定的技术处理，以便在流通过程中保证其质量，也可以经过加工直接销售；花卉批发市场、区域分销商、零售商通过销售网络的销售，最终到达消费者。

（四）出口情况

随着国家"一带一路"倡议的提出和两届中国玫瑰产品博览会暨国际玫瑰产业合作洽谈会的成功举办，平阴当地的本土玫瑰企业正在不断努力寻求国际合作，积极开拓海外市场。

2017 年，山东芳蕾玫瑰集团有限公司与保加利亚工业商会达成玫瑰项目合作意向。2018 年，该集团玫瑰花产品出口荷兰，实现了平阴玫瑰在国际贸易上零的突破。随着业务规模不断扩大，芳蕾集团的产品已远销日本、韩国、加拿大、美国等十几个国家和地区。此外，济南惠农玫瑰花精油有限公司也早在 2009 年就与日本东洋之花株式会社在玫瑰产品的研发上开展合作。双方在品种定向培育、种质资源合作、进出口贸易等方面都取得了不错的合作进展。与此同时，保加利亚飞那饮料公司也与济南紫金玫瑰有限公司签署了合作生产玫瑰饮料的协议，由飞那饮料公司委托紫金玫瑰开发食品、饮料等时尚玫

---

① 1 斤 =500g。

瑰新产品。山东华玫生物科技有限公司则与智利最大的玫瑰果油公司达成合作意向，双方拟共同研发新产品。然而，平阴玫瑰精油在国际市场的占有量还微乎其微，与中国玫瑰之乡的地位不相称。这是因为平阴玫瑰属于浓香型品种，与国际市场需求的清香型有一定的差距。

（五）市场价格情况

近五年，平阴玫瑰市场收购秩序较为正常，价格整体在震荡中走高，没有出现卖花难的现象。2017 年花价平均为 7.69 元 /kg，与 2016 年同期 5.57 元 /kg，每千克上升 2.21 元，增幅 39.68%。2019 年玫瑰花花蕾收购价格为 6.65 元 /kg，同比 2018 年上涨 23.84%。2020 年平均花价一直保持在 7.80 元 /kg 左右，后期花源较少时曾达 8.00 元 /kg，平均花价为 7.98 元 /kg，比 2019 年花价提高 20%。价格上升的原因主要有三点，一是很多花农尤其是玫瑰镇周边乡镇的花农开始调整种植结构，玫瑰花种植面积有所减小；二是华玫等收购企业的增加，加大了玫瑰花的需求量；三是以往玫瑰干花的库存几乎消耗殆尽。

（六）成本收益情况

1. 生产成本明显增加

据平阴县物价局成本调查人员统计，2017 年平阴玫瑰花平均生产成本为 2 603.22 元 / 亩，比 2016 年 2 252.32 元 / 亩，每亩增加了 350.90 元，增幅为 15.58%。2019 年受各项成本升高推动，玫瑰花生产总成本由 2018 年的 1 730.17 元 / 亩上升到了 1 778.61 元 / 亩，增加了 2.80%。2020 年平阴玫瑰亩均人工成本由 2019 年的 1 778.61 元 / 亩提高为 1 820.15 元 / 亩，增幅 2.34%。生产成本增加的主要原因如下，一是劳动日工价上涨导致人工成本增加，核算工价随着平阴人均收入的提高而上涨；二是排灌费用增加，特别是 2017 年春季平阴降雨少，天气相对干旱；三是化肥、水费等价格上涨造成玫瑰花物质与服务费用随之增加。

2. 产值同比上升，现金收益同比提高

据平阴县发改局成本调查人员统计，2017 年平阴玫瑰花亩均现金收益 2 029.65 元，同比增加 389.43 元，增幅 23.74%；花农亩产值 2 556.86 元，比 2016 年 1 832.42 元 / 亩，增加了 724.44 元，增幅 39.53%。2019 年现金收益由 2018 年的 782.81 元 / 亩提高为 1 301.38 元 / 亩，涨幅达 66.24%；亩均产值 1 479.78 元，同比 2018 年的 999.88 元涨幅达 48.00%。2020 年现金收益 1 539.93 元 / 亩，同比 2019 年上升了 18.33%；玫瑰花亩产值 1 699.00 元，比 2019 年 1 479.78 元 / 亩，增长了 14.81%。上涨原因主要是玫瑰花价格逐渐上涨，而且由于平阴县委、县政府领导的高度重视和扶持，玫瑰花加工企业开工率高，生产正常，没有出现卖花难的现象。另外，玫瑰镇成为省级特色小镇，县统一规划，成立了一个规模宏大、加工、销售为一体的玫瑰工业园区，也会促进平阴玫瑰收益增加。

三、前景展望

1. 面积与产量均将稳中有增

目前，平阴已形成以玫瑰镇为中心的玫瑰生产基地产业带，种植面积相对稳定。随着文旅行业的蓬勃发展，"玫瑰花乡"田园综合体项目能够从某种程度上填补平阴的空白。然而，受新冠肺炎疫情影响，"玫瑰花乡"田园综合体项目一期工程的施工进度受到了较大影响。整个项目共三期，预计在三年内建设完成，总投资将达到 8 亿元。该项目不仅能够有效增加平阴玫瑰的种植面积与产量，更能提升品牌知名度和影响力。

2. 消费量将持续增长

平阴将与阿里巴巴集团深度合作，不仅开展直播带货，还着力打造"线上＋线下"融合的平阴玫瑰文化节。"线上直播带货"结合"线下旅游赏花"，使消费者不仅可以通过淘宝直播买到性价比超高的玫瑰产品，又可以通过 24 小时直播济南，见证玫瑰绽放的全过程。目前，平阴玫瑰市场仍有很大的市场潜力，这种营销范围、渠道和形式的创新发展，能够有力推动消费量与知名度的增长。

3. 加工规模将保持增长态势

近年来，平阴县政府高度重视玫瑰产业向精深加工发展，从政策到技术全面帮扶加工企业及花农。目前我国有近千家玫瑰加工企业，玫瑰产品琳琅满目，但高端产品少且多是无自主品牌产品，玫瑰深加工产业尚处初级阶段，科技含量有待进一步提高。芳蕾集团与齐鲁工业大学、江南大学、山东省科学院能源研究所、上海香料研究所等多所高等院校及科研机构签订了玫瑰产品研发合作协议，使平阴玫瑰产业的产学研合作又向前迈出了关键性和实质性的一步，这将进一步提升我国玫瑰制品的科技含量，促进我国玫瑰产业繁荣发展。

4. 价格将持续上涨

平阴县委、县政府对玫瑰产业高度重视，专门设立了玫瑰花产业中心，赋予明确的职责和权力，具体负责玫瑰花发展计划的制定，积极协调各有关部门突破平阴玫瑰产业发展的瓶颈问题。2020 年政协委员在"商量"节目中提议增设平阴县玫瑰为济南的"第二市花"，进一步扩大平阴玫瑰在市民中的认知度；为了发展升级玫瑰花产业，平阴县委、县政府每年召开"平阴玫瑰产业高峰论坛"，为平阴玫瑰发展出谋划策；平阴县人民政府积极扶持，在玫瑰镇附近建造一个玫瑰产业园，重点从搞好玫瑰花产品深加工、提高玫瑰产品的附加值入手，着力探索龙头企业建设，以期达到稳定玫瑰鲜花价格的作用，解决了花农卖花难的问题。随着玫瑰深加工龙头企业的逐渐发展，平阴玫瑰产业将有广阔的发展前景，平阴玫瑰价格将持续上涨，花农收入将会大幅提高。

四、现存问题和面临的风险

（一）现存问题

1. 玫瑰产品种植方式、销售渠道单一

玫瑰花种植仍属农民自发式种植生产阶段，以一家一户为主的种植模式组织化程度低、抗风险能力不强。平阴玫瑰尚未划定标准化种植核心区，缺乏种植技术规范体系，田间管理科学化程度不高，大多属于粗放、分散式种植管理。玫瑰花产品在低端市场处于无序化竞争状态。产品销售还未形成具有一定规模的销售网络，产销脱节，流通不畅。同时，平阴玫瑰主要以玫瑰花蕾、玫瑰花茶、玫瑰酱等传统种类作为主打产品，附加值较低、利润极为有限；而玫瑰精油、玫瑰系列化妆品等高附加值产品，研发无力、产量较小、销路不畅，始终没有对产品进行本质的创新，在行业内没有自己的拳头产品。

2. 玫瑰花旅游产业有待开发

当前，玫瑰园占地仅有 70 亩（包括办公区），存在观赏面积较小、档次较低等问题。而且，玫瑰品种老化严重，基本上已到更新期。整个观赏园只是以丰花玫瑰为主，大部分玫瑰品种现存数量少，很多品种只有几株，甚至只有 1 ～ 2 株。另外，平阴玫瑰与本地旅游产品和特色产品的关联性差，没有形成浓厚的玫瑰文化氛围。现有的旅游纪念品以玫瑰加工企业生产的玫瑰产品为主，大都不是为了旅游而专门计划开发的旅游纪念品，特别是玫瑰食品系列，外观包装差，产品档次低，质量参差不齐，不但没有起到宣传平阴玫瑰的效果，甚至在一定程度上起到了负面作用。

3. 玫瑰领域人才缺乏

目前，平阴县玫瑰产业主要以农户为主，大多数经营者都是由过去的种植者转型到深加工，其文化水平层次相对偏低，缺乏玫瑰产品市场、品牌开拓人才和科技管理人才，缺乏宏观指导和必要的导向性政策扶持措施。玫瑰产业发展散、乱、差和无序生产、恶性竞争的问题比较突出。

（二）风险分析

1. 鲜花收购价格波动较大

平阴玫瑰的种植面积、鲜花蕾总产量和鲜花蕾价格三者之间存在一种怪圈，种植面积的下降造成鲜花蕾总产量的降低，总产量的降低导致供求关系失衡引起价格上涨，价格上涨刺激花农种植积极性增加种植面积，种植面积增加鲜花蕾总产量随之增加，从而导致供求关系失衡引起鲜花蕾价格下降，价格下降又导致种植面积下降。鲜花蕾价格的大起大落，严重挫伤花农积极性，直接损害其经济利益，从而导致玫瑰产业发展不能得到有效的保障。

2. 竞争对手的有力挑战

目前，除平阴县以外，我国发展玫瑰产业的地区还有甘肃永登、新疆和田、湖北枣阳、山西静乐、陕西渭南、北京妙峰山、江苏铜陵等地。其中，甘肃永登联合有关科研院所，先后完成了《出口中国苦水玫瑰油检验规程》（SN/T 1546–2005，已废止）、《中国苦水玫瑰精油》（GB/T 22443–2018）和《无公害农产品中国苦水玫瑰干花蕾》（DB62/T 1344–2005）的制定工作，在某些方面已经领先于平阴，甚至挑战"中国玫瑰之乡"的冠名权。

3. 国际市场的局限性

平阴玫瑰产业的发展不但在国内受到挑战，在国际市场上也存在较大的局限性。素有世界"玫瑰王国"之称的保加利亚，以玫瑰鲜花为原料开发出了玫瑰纯露、洗面奶、香皂、面膜等一系列玫瑰产品；玫瑰精油作为玫瑰产业的核心产品，也是一种中高档消费品，该国一直占据世界最大生产国和出口国的位置；其玫瑰产业旅游已经成为著名的国际观光项目，同时也是国家农业收入的一项主要来源。而平阴玫瑰产业无论在种植品种上，还是在玫瑰精油的品质和调和技术上，都难以达到国际市场的香型标准，其他玫瑰产品基本不具备国际市场的认可度和竞争力，始终没有真正打开国际市场的大门。

五、措施建议

1. 实施规范化发展战略，打造玫瑰种植产业带

充分利用"平阴玫瑰原产地域产品保护"这一特色地理标志品牌，加快玫瑰种植区域化、规范化、标准化种植模式，提升玫瑰的种植、管理、生产标准化技术水平。重视平阴玫瑰品种改良选优，建立高标准的玫瑰种植基地，建立玫瑰品种试验示范园，选出品质更加优良的品种进行保护和推广，确保玫瑰品种向高品质、高价值方向发展。组建产供销一体化的组织，完善价格保障机制，引导教育收购商和企业规范调价行为，逐步形成抗击市场风险的合力。强化科研力量，鼓励社会化、市场化科研队伍的进入，进一步推广种植玫瑰的技术、技能和知识，加强对花农的培训、帮扶和指导。

2. 实施集团化发展战略，打造玫瑰加工产业园

规划建设一个玫瑰加工园区，形成玫瑰加工企业集团化群体。特别注重引进大型的食品饮品企业和化妆品企业介入平阴玫瑰终端产业，打造真正的玫瑰产业领军企业。坚持走科技创新之路，通过与科研机构、大中专院校的联合，研制以平阴玫瑰为主要原料的工业产品和日用消费品，开发出市场需要量大、利润高、开发潜力大的新产品。坚持走内外联合之路，积极与国内外相关企业尤其是化妆品、医药、食品、保健品等企业联合，利用先进企业的生产设备、销售网络、市场资料，生产加工销售平阴的玫瑰产品。

3. 实施生态化发展战略，打造平阴玫瑰特色旅游

将玫瑰产业旅游与其他一切可利用的资源进行对接，将玫瑰与文化、玫瑰与科技、玫瑰与城市、玫瑰与饮食有机结合，加快旅游配套设施建设，完善旅游产品研发、生产、销售体系，充分利用各种媒体和平台，把平阴真正打造成中国独具特色的玫瑰产业旅游之城。加大对"中国玫瑰之乡"的宣传力度，高标准制作平阴玫瑰宣传片、宣传册等宣传资料，

对平阴玫瑰产业旅游进行整体性、大手笔的策划推广，提高平阴玫瑰产业旅游的知名度。

4. 实施一体化发展战略，促进玫瑰产业文化化

汇集政府、企业、社会的力量，组织相关人员，加强玫瑰产业品牌建设、产品文化建设和精神文化挖掘。用科技和创新引领玫瑰产业物质文化建设，打造玫瑰种植现代农业示范园、研发生产展示基地和绿色生态休闲度假场所，加快对饮食文化、玫瑰景观、特色建筑的改造和提升，使平阴玫瑰物质文化更加丰富多彩。加强、改进、引进先进管理模式和现代经营模式，多环节展现平阴玫瑰行为文化，实现种植、观赏、采摘、加工、营销和品鉴的全流程展示，并通过创新设计实现行为文化与消费者的紧密联结和有效互动。

5. 坚持对外开放，构建全球合作网

玫瑰产业在西方的发展历史久远，如保加利亚、伊朗、土耳其、法国、摩洛哥等国家也有许多著名的玫瑰品种，如大马士革等。平阴玫瑰可以通过加强与世界各类玫瑰产地合作，利用"一带一路"建设打通世界合作渠道，向世界玫瑰企业学习，完善产业结构，打造产业品牌，提升产业水平，走出中国，走向世界。

6. 培育、引进科技人才

平阴玫瑰应充分发挥玫瑰研究所的技术优势，加大相关经费投入，提高优惠政策，吸引科技人员聚焦现有玫瑰品种的选优改良、太空玫瑰的选育和国内外玫瑰品种的引进试种及推广，建立良种实验基地，通过筛选与杂交，培育出适合平阴县生长，产量高、品质优和效益好的新品种。相关部门应加大对设施农业及规模种植的资金投入，组织技术人员对农户进行科技普及教育，注重培养组织技术型农民工人，鼓励村镇上大型优质种植户带领当地农民共同发展，发挥带头作用。

第二节　潍县萝卜产业分析

潍县萝卜是潍坊的特色优势产业之一，潍县萝卜又称"潍县青萝卜"或"高脚青"，既是潍坊著名土特产，也是山东省名特优萝卜品种。潍县萝卜以缨小、皮青、瓢脆、绿、甜、微辣而著称，经常食用有去痰、清热解毒、健脾理气、助消化等功效。据考究，潍县萝卜在潍坊市已有300多年栽培历史，经过菜农和科技人员的长期培育，形成了大缨、小缨和二大缨（中缨）3个品系，目前生产种植以二大缨品种（中缨）为主。潍县萝卜产业规模加速增长，种植面积稳中有涨，主产区明显聚焦，产量快速增长，消费量稳步提升，消费市场多元化发展，消费区域分布广泛，加工业呈现出特色化、精深化稳步发展态势。未来潍县萝卜产业发展亟待从规模扩张向提质增效转变，从注重生产向打造全产业链转变，从经验种植向新技术、新模式研发转变，从散户、小户种植向标准化、专业化种植转变。

一、潍县萝卜产业发展现状

（一）生产分布

1. 种植面积快速扩大

近年来，潍县萝卜种植面积连续 6 年增长，2019 年种植面积首次突破 50 000 亩，较 2015 年增长 23.8%，2020 年继续保持高位（图 3–5）。从发展速度看，潍县萝卜种植面积处于稳中有涨的态势。

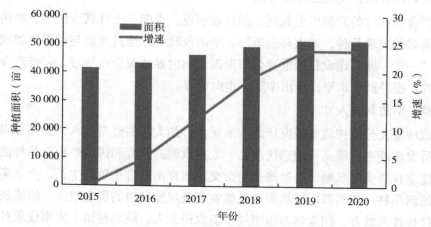

图 3–5　2015—2020 年潍县萝卜种植面积及增速

数据来源：潍坊市农业农村局、寒亭区农业农村局、潍城区农业农村局

2. 产量产值创历史新高

2020 年，潍县萝卜总产量为 15.4 万 t，总产值约 10.3 亿元，较 2015 年分别增长 23.9% 和 167.4%，年均分别增长 3.98% 和 27.9%，产量和产值均达到历史高点（图 3–6、图 3–7）。

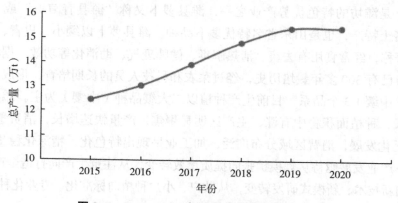

图 3–6　2015—2020 年潍县萝卜总产量变化情况

数据来源：潍坊市农业农村局、寒亭区农业农村局、潍城区农业农村局

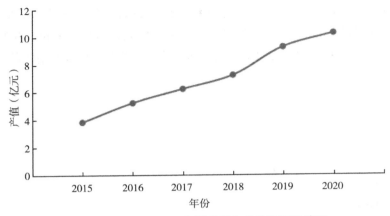

图3-7 2015—2020年潍县萝卜总产值变化情况

数据来源：潍坊市农业农村局、寒亭区农业农村局、潍城区农业农村局

3. 主产区集聚效应明显

潍县萝卜种植主要集中在寒亭区和潍城区，具有突出的区位优势，位于山东半岛经济圈主体区，与京津唐经济圈、辽东半岛经济圈各大城市发展联结紧密，处于国家"蓝黄两区"和"一圈一带"区域发展战略的重要位置。传统的"潍县萝卜"产地，在老潍县的民间就流传着"北宫后北宫前，郭家庄子刘家园"之说，讲的是北宫一带生产的萝卜属上乘精品。2006年9月，国家质量监督检验检疫总局批复对潍县萝卜实施地理标志产品保护，保护范围为潍坊市弥河以东，潍河以西，胶济铁路以北，新沙路以南的区域，以及潍城区的望留镇、军埠口镇现辖行政区域。为在城市化建设发展中保留潍县萝卜原产地，2012年市政府批准划定1 285亩潍县萝卜原产地为原产地保护区。寿光靠近潍城区的浮桥村常年种植青萝卜1 000亩左右，比潍县萝卜粗大，是传统"潍县萝卜"的外延产品，一般不被认作正宗的"潍县萝卜"。

4. 种植模式以秋延迟保护地为主

目前，潍县萝卜种植模式主要有露地栽培、早春拱棚栽培、大棚秋延后栽培、冬暖棚栽培、西瓜—萝卜倒茬栽培等类型。其中大棚秋延迟保护地种植约占80%，即每年春季种植西瓜，秋季种植潍县萝卜，俗称"瓜茬萝卜"，该模式萝卜平均亩产3 000多千克。

（二）市场流通

1. 市场需求快速增长

潍县萝卜主要以鲜食为主，占总产量的80%以上，剩余的主要作为腌制蔬菜和萝卜脆产品销售。近6年来，受产业结构调整、品质提升、宣传推广等推动，潍县萝卜销售呈快速增长态势。受市场需求拉动，潍县萝卜销售量与其产量基本保持一致，处于满足市场需求、产销平衡的消费状态。

2. 销售渠道线上线下联动

加工企业凭借着"物流＋电商"的双重功能进入潍县萝卜产业，延伸了潍县萝卜的产业链，拓展了销售渠道。潍县萝卜销售采取线上线下联动结合的方式，以线下消费为主，主要采用礼盒、散装等包装形式。近年来，潍县萝卜门店数量快速增长，2020 年达到 362 家，比 2015 年增加了 35 家（图 3-8）。与此同时，电商成为潍县萝卜销售的重要渠道。

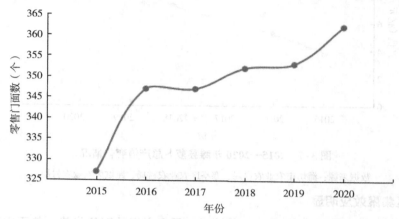

图 3-8　2015—2020 年潍县萝卜零售门面变化情况

数据来源：潍坊市农业农村局、寒亭区农业农村局、潍城区农业农村局

3. 销售区域广泛分布

随着线上渠道的推动，潍县萝卜的销售覆盖区域日益扩大，从潍坊本地消费扩张到全国北方大部分地区，从黄淮海等传统消费市场向东北、华北、华南地区扩散，南方市场占有量较少。目前，潍县萝卜销往外地比例达到 50% 以上。

4. 品牌打造助推销售

为保护和推广潍县萝卜品牌，潍坊市于 1999 年 11 月注册"潍县牌"潍县萝卜商标；2004 年通过国家机构绿色食品 A 级产品认证；2006 年国家质量监督检验检疫总局批准为"国家地理标志保护产品"；2007 年获"山东名牌农产品"称号；2010 年成功注册"地理标志证明商标"；同年入选"黄河三角洲十大品牌优质农产品"；2020 年，成功获批第五批山东省知名农产品区域公用品牌，中国农产品区域公用品牌价值评估"潍县萝卜"品牌价值达 20 亿元。自 2008 年起，潍坊市至今已连续举办 12 届中国（寒亭）潍县萝卜文化节，被评为"中国最有影响力的节会"之一，涌现出了郭牌、仲起、老宗家、开轩、世泉、青泉、俊青、张胖子等一大批潍县萝卜品牌。潍坊育青果蔬合作社获得 2016 年潍坊市潍县萝卜品牌大赛金奖，兴罗农产品种植合作社获得 2017 年潍坊市潍县萝卜品牌大赛金奖，潍坊光合庄园农产品科技有限公司获得 2018 年潍坊市潍县萝卜品牌大赛金奖，潍坊仲起萝卜专业合作社获得 2019 年潍坊市潍县萝卜品质提升大赛金奖，潍坊郭牌农业科技有限公司和寒亭区尚诚果蔬种植专业合作社获得 2020 年潍坊市潍县萝卜品质提升大赛金奖。

（三）进出口贸易

潍县萝卜销售主要为国内销售，萝卜脆加工产品有零星出口，受近年新冠疫情影响，出口受阻。

（四）价格

潍县萝卜市场价格整体增幅明显，季节性价格比较平稳。与往年相比，因市场需求及气候影响，2020 年潍县萝卜价格上涨明显，基地批发价 1～5 元 / 个，普通零售价格为 3～8 元 / 个，精品包装高品质萝卜零售价格高达 10～15 元 / 个。

（五）成本收益

近年来，潍县萝卜利润稳中有升，主要是由于潍坊市启动了潍坊萝卜品质提升工程及品牌建设工作。高品质高价值高收益高投入，由以前的常规种植每亩几百元投资上升到现在每亩 1 000～3 000 元投资。高品质、品牌化及礼品高端市场等方式使潍县萝卜获得高额利润，高品种礼品潍县萝卜每箱可卖 50～100 元，每亩利润可达 20 000～40 000 元。

二、存在问题及制约因素

1. 品种退化混杂严重，口感偏辣影响推广

潍县萝卜是一个地方常规品种，经过了几百年的历史传承，受传统种植习惯影响，大部分潍县萝卜专业合作社、生产种植大户和农户以自留萝卜繁种为主，但因其选种技术落后、繁种操作不规范，造成萝卜种质混杂、种性退化、成品率偏低，严重影响潍县萝卜的品质及商品性。例如，潍坊寒亭区的河滩一带种植的多数是二大缨品种，萝卜叶片大，果实也大一些；潍城区北关主要以小缨、二大缨品种为主，叶片较小。自 2017 年潍县萝卜品质提升工作开展以来，潍坊市农业农村局和潍坊市农业科学院收集了主产区所有类型的潍县萝卜品种资源，进行对比试验和提纯复壮，选出了适合露地和保护地栽培的适宜品种。这些品种在外观上基本一致，但其肉质的色泽还很不一致，有深有浅，口感也是有辣有甜，脆硬也有差别。另外，由于潍县萝卜口感偏辣，而水果萝卜口感脆甜，对潍县萝卜向南方市场推广造成一定阻力。

2. 连作障碍尚未解决，缺乏标准化种植基地

潍县萝卜原产地内已有几十年乃至上百年的栽培历史，种植区域相对固定，潍县萝卜黑腐病、软腐病、根线虫等病虫害时有发生，土壤连作障碍问题逐年加重，影响了潍县萝卜品质和商品性。同时，"瓜茬萝卜"种植模式已经延续了十多年，由于种植区域和地块相对固定，致使重茬现象越来越严重，土壤微量元素极度缺乏，病害严重，品质下降。特别是潍县萝卜是农户在自己的承包土地上经过连年的种植逐步发展起来的，地块零星分散，建设的棚型结构没有经过农业主管部门的统一规划设计，处于随意无序而建状态，制约了潍县萝卜产业的健康发展，迫切需要建设规划统一、布局合理的潍县萝卜标准化基地。

3. 新增种植区发展缓慢，市场需求与生产供应不协调

近年来随着人们健康意识增强和电商发展，潍县萝卜市场需求越来越大，销售范围越

来越广。传统种植区生产的潍县萝卜已不能满足市场需求，新增种植户因生产经验不足，种植技术不到位，技术标准体系不完善，推广环节薄弱，制约了品质和成品率提升。播种种植标准不完善，常规露天种植时间在 8 月 20 日前后，但这个时期播种的萝卜明显偏大，而播种晚了萝卜后期生长缓慢，个头又长不起来，成品率严重下降；大拱棚的扣膜时间控制标准不完善，保护地栽培的目的是延长收获期，提高萝卜的产值，但是棚膜扣早了萝卜很容易徒长，扣晚了又怕遇到降温冻坏萝卜。扣膜时间不准确，造成萝卜成品率不高；棚内温度和水分的控制标准不完善，前期温度高，容易引起萝卜的旺长，掌握不好浇水多少和时间，又容易引起萝卜的空心和糠心。生产的潍县萝卜不论从口感、品相都离优质潍县萝卜标准要求相差甚远，存在以次充好的问题，在一定程度上影响了潍县萝卜声誉。

4. 销售方式相对落后，产品精深加工不足

近年来，随着电商平台兴起，微信、抖音、快手、直播带货等新的销售模式层出不穷。潍县萝卜种植户大部分仍以地头自产自销为主，规模小、底子薄，难以高薪聘请专业电商营销人才全面向网络化发展，个别种植户还是固守传统销售方式，另外，由于萝卜运输时间过长容易糠心、腐烂，一般发送顺丰或德邦快递，运输成本较高，影响了市场销售范围和数量。与此同时，产品精深加工不足也制约了潍县萝卜发展，随着人们生活水平的提高和生活品质的改善，对潍县萝卜产品质量的要求越来越高，单纯作为水果鲜食的用途已不能满足需要，急需研发系列精深加工产品，以提升产品附加值。而目前潍县萝卜深加工产品主要以萝卜脆和腌制萝卜为主，精深加工产品不足，对其营养价值和药用价值的研发缺乏深入的研究。

三、发展需求及建议

（一）发展需求

1. 种质资源的系统选育和提纯复壮

潍县萝卜种子质量良莠不齐，品种混杂、种性退化严重，大多数生产用种为种植户自留自繁种，造成产品商品率偏低，急需对潍县萝卜种质资源开展系统选育。

2. 加强品牌的有序管理

针对市场混乱造成的潍县萝卜声誉下降等问题，亟须建立"潍县萝卜"区域共用品牌、企业产品品牌的长效管护机制，以品牌打造推动整个潍县萝卜产业高质量发展。

3. 延伸产业链、提升价值链

目前潍县萝卜深加工产品主要以萝卜脆和腌制萝卜为主，亟须对其营养价值和药用价值进行深入的研发。根据市场对潍县萝卜产品的需求，研发专用品种和系列精深加工产品，以提升潍县萝卜附加值。

（二）对策建议

1. 积极开展提纯复壮和品种改良科技创新工作

积极开展潍县萝卜种质资源收集，利用群体选拔法多代持续对潍县萝卜进行提纯复壮。依托潍坊市农业科学院潍县萝卜研究所开展品种提纯复壮、新品种选育，在国家现代农业综合试验区建设种苗科研示范基地，引进应用国内外先进技术、设备、生产工艺和管理手段，不断强化潍县萝卜的良种选、引、育、繁整体功能。

2. 大力提升潍县萝卜标准化生产水平

以改善潍县萝卜品质为着力点，开展不同设施不同播期不同品种栽培技术、病虫害绿色防控技术、有机肥替代化肥技术、水肥一体化技术等试验研究和集成推广，修订完善潍县萝卜生产技术、产品外观、内在品质等标准，并全面推广应用。同时，创建潍县萝卜标准化生产示范区，鼓励引导具有一定规模、环境良好、标准健全、制度健全的潍县萝卜新型农业经营主体向标准化生产示范区集中，增强集群发展能力。

3. 大力提升潍县萝卜品牌竞争力

建立潍县萝卜品牌培育机制，按照"培育一批、提升一批、推荐一批"的原则，积极打造特色农产品行业领先的高端品牌。发挥潍县萝卜产业技术创新联盟作用，以潍坊市农业科学院联合农技推广部门、种植基地和流通企业组成潍县萝卜产业技术创新联盟，充分发挥人才优势和技术优势，促进潍县萝卜产业加快发展，推动潍县萝卜品牌和品质提升。发挥潍县青萝卜协会作用，加大品牌保护力度，探索建立品牌质量保证体系、诚信体系和防伪溯源体系。积极开展宣传推介，通过部门联动、政企联手、市场运作的方式，搭建潍县萝卜对外宣传平台，提升市场对潍县萝卜的认知度。

4. 大力提高销售加工产业链水平

借助国家级现代农业产业园内的现代农业综合服务体和加工物流仓储园区，发展电商平台、展销展示、农民培训、科技服务、检验检测和农业大数据平台，加快农产品精深加工开发，建设潍县萝卜等农产品加工、物流、仓储基地，为潍县萝卜产供销提供一系列的综合性服务。

5. 各项保障支持

加大山东省在名优特产潍县萝卜产业发展科研、建设用地、资金、扶持政策等方面的支持，每年安排一定数量的专项资金，用于科技创新、"三品"认证、标准化示范基地建设、品牌创建和宣传等潍县萝卜产业培育。同时，加大对潍县萝卜产供销信息体系、质量安全建设体系、新品种新技术的推广应用、老潍县萝卜基地升级改造等方面的投入力度，加快科技转换步伐，提升潍县萝卜产品质量和品牌建设。

第三节　烟台苹果产业分析

烟台位于山东半岛东部，属于温带半湿润季风区，濒临黄海、渤海，空气清新，冬无严寒，夏无酷暑，光照充足，自然生态条件优越，特殊的自然条件非常适宜苹果的种植，烟台苹果具有"果形端正、果面光洁、色泽鲜艳、果肉松脆、汁多爽口"等地域特征。

烟台苹果生产相对稳定，种植面积维持在280万亩左右，总产量550万t，主要分布在栖霞、蓬莱、招远、牟平、莱阳、海阳等地。品种以富士为主，占比为88.5%，树龄多为10年生以上，新型栽培模式以短枝型和矮化栽培为主。烟台气调和冷风库容量超330万t，可实现季产年销，周年供应。烟台苹果的加工占比较少，采后商品化处理、储藏和冷链运输技术仍有不足。近年烟台苹果出口量减少，主要销往国内市场。

烟台苹果和果业产业，培植百年，品牌百亿元，承载着百万果农的生存发展，目前正处于转型升级的关键时期，烟台下一步应着手加快品种创新，培育苗木市场，改造老劣果园，扶持建设规模化标准化生产基地，提高果园管理的机械化、智能化水平，进一步完善仓储设施，推进精深加工发展。

一、烟台苹果产业概述

1. 烟台苹果产业发展的自然优势

烟台有适宜苹果种植的得天独厚的自然条件。烟台位于山东半岛东部，西、北靠渤海，东、南临黄海，境内群山连绵，丘陵起伏，多山溪河，受海洋影响，与同纬度内陆相比，气候温和，日照充足，雨量适中，空气湿润，气候条件非常适宜苹果的种植。

烟台市的气温状况和苹果年周期中不同时期温度需求相适宜，冬季平均气温 $-4 \sim 2.2\,℃$，能满足苹果自然休眠对低温的需求；4月下旬至5月上旬，平均气温 $10.3 \sim 18\,℃$，能保证苹果的正常开花结果；6—9月气温适宜花芽分化和果实发育的需要，特别是秋季具有较大的昼夜温差，有利于促进果实糖分积累和着色。

烟台市降水量年平均为 $600 \sim 900\ mm$，全年日照时间长，日照百分率高，除有充足的直射辐射外，还有相当数量的散射辐射，对苹果的生长发育和高质量果实的形成很有利。

烟台土壤中含有一种由云母片岩风化残积物组成的土壤，因含黑色云母结晶闪闪发光，土质细而松软，耕性良好，保水力强，适合苹果根系发育。

这些特殊的自然条件，形成了适宜苹果生产的小气候、小环境，使烟台苹果色泽鲜艳、果型端正、果面光洁、果肉松脆、多汁，含糖量高，风味浓。

2. 烟台苹果种植发展历程

烟台苹果栽培历史源远流长，有记载的栽培历史，始见于明万历年间《福山县志》"地理土产果类中"记载的"花红"。烟台是我国西洋苹果的发源地，1871年美国约翰·尼维斯来华时，从美国和欧洲搜集了西洋苹果、西洋梨、美洲葡萄、欧洲李等果树苗木，创建了"广兴果园"。开创了烟台乃至全国大苹果栽培的新纪元，烟台也因此成为我国西洋苹果的发祥地。

西洋苹果引进初期，主要分布在芝罘南山一带，栽培技术比较原始。19世纪末，福山县从广兴果园采取枝条嫁接，结出的苹果个大、色青、味香，取名"青香蕉"，另一村民培育的"红香蕉"也开始问世，从此"青香蕉""红香蕉"成了烟台苹果的品牌。

其后一些有识之士在烟台相继开办"芝圃果园""大兴果树公司"等，20世纪30年代，以福山、牟平、龙口为中心的烟台苹果的栽培已具相当规模，1936年烟台、福山、牟平的苹果栽培面积为1 900.8 hm²，总产1.24万t，成为烟台苹果栽培第一鼎盛时期，烟台各地果农将苹果运至烟台奇山所进行交易，商贩收集后，以陆路运往省内各地，水路南上北下，并经香港地区转销菲律宾等地。

1938年日军侵占烟台后，烟台苹果栽培遭到重创，濒临夭折。1945年后苹果生产缓慢恢复。

1948年烟台解放，苹果产业重兴，发展速度极快，成立了龙口、烟台等4个果树指导所，近代烟台苹果生产技术开始有组织地推广应用，各县苹果栽培面积出现了第二次高潮。1957年全市苹果面积14 400 hm²，年产1.8万t。三年经济困难时期，苹果生产跌入低谷，面积减少、产量下降。1966—1969年，烟台苹果栽培面积又一次增加，出现了历史上第三次发展高潮，1969年产量达到15.1万t。1972年福山苹果对北京和中央国家机关实现"特供"。1975年烟台苹果产量达到37.1万t，苹果栽培技术进一步普及，整形修剪、深翻扩穴、人工授粉、疏花疏果、病虫害测报等技术应用于生产，苹果发展出现了历史上的第四次高潮。

20世纪80年代，烟台市政府率先从日本引入红富士苹果品种进行栽培，其后，陆续引进大批国外苹果品种试栽推广。20世纪90年代后，烟台不仅重视国外新品种的引进，还加强了苹果新品种的选育工作，苹果栽培技术日趋完善。

3. 烟台苹果的发展现状

烟台苹果产业是农业品牌支柱产业，发展水平在全省乃至全国长期保持领先地位。2019年烟台苹果种植面积276.2万亩，分别占全省和全国的62%和7.9%；总产量547.2万t，分别占全省和全国的66.5%和15.5%；产值192.7亿元。国内鲜果市场常年销售330万t、约占全国销售总量的16.5%，鲜果常年出口60万t左右，占全国出口总量的1/2。盛果期苹果园平均每亩收入1.09万元，全市苹果种植户约80万户，从业人员170多万人，建有气调库、冷库1 348座，库容能力达到342万t。现有苹果加工企业46家，产品包含七大系列100多个品种。

从原种苹果驯化开始，到现代苹果嫁接，再到富士苹果芽变的各个时期，烟台苹果始终保持苗木领先优势。先后承建苹果领域国家级工程技术中心（实验室）4个，创建全国第一批区域性良种苗木繁育中心，承担水果良种苗木繁育重大项目10余项，引进国内外优良品种和砧木500多个，全市现有苹果苗木基地5 000亩、年产苗木3 000万株，其中约2 000万株销往全国各地，销量占全国40%左右。从砧木类型看，全市苹果仍然以实生砧木为主，主要是八棱海棠、平邑甜茶和烟台沙果等，约占全市苗木总量的75%；矮化砧苗木主要是M26中间砧、SH中间砧，约占总量的15%；矮化自根砧苗木主要是M9T337，约占总量的10%。

从品种上看，烟台苹果以富士优系晚熟品种为主，主要是烟富系列、2001富士、首富、龙富等，这些品种占苗木总量的90%。中早熟品种主要繁育红将军、红露、太平洋嘎拉、金都红嘎拉等，中早熟品种多以富士品种的授粉品种进行推广。每株苗木的销售价格在3～25元，矮化自根砧大苗销售价格在40～60元。现行的独杆苗建园成本高、周期长、结果晚，果农特别是老龄果农更新改造的意愿不强，需要加快建立苹果带分枝大苗繁育基地，鼓励引导推广带分枝大苗建园模式，调动果农更新改造的积极性。

烟台建有农业农村部山东烟台苹果育种中心等科研平台近10个。形成了以中国农业大学、中国农业科学院、烟台农业科学院、烟台大学、北方安德利等高校、科研院所、涉农企业为主体的科技创新体系。在苹果良种选育、脱毒苗木繁育、果品精深加工等领域处于全国领先地位，培育的烟富1号至烟富10号系列脱毒品种成为全国主栽品种。

2014年，中国第一组《水果》特种邮票在烟台市首发。2019年苹果成为"烟台市树"。连续18年举办苹果艺术节，开展苹果义卖助学和捐赠，举办"果香烟台"摄影大赛等一系列文化宣传活动，发展独具特色的"苹果剪纸文化"，形成了"开放、包容、创新、拼搏"的烟台苹果文化精神。

2020年3月烟台市人民政府注册成立山东苹果·果业产业技术研究院，实行企业化管理，市场化运营，是烟台市重点打造的"三大科技创新平台"之一。产研院以建设山东苹果·果业产业技术创新创业共同体、培育千亿级果树产业集群为目标，实现"政产学研金服用"优质要素的融合创新。围绕果业存在的"卡脖子"难点问题，招引国内外顶端人才，组建创新团队，实施果树新品种选育、脱毒种苗开发、新型肥料和农药研发、果品精深加工、果园智能装备研发应用等创新工程，突破产业重大技术瓶颈。

烟台市委、市政府每年安排专项资金扶持苹果产业发展。工商等社会资本以及果农、合作社等生产经营主体发展苹果积极性高、投入大，形成了政府引导、社会广泛参与的良好氛围。

4. 烟台苹果品牌发展情况

烟台作为全国发展苹果最早的优势产区之一，在品种培育、栽培管理技术研究与示范、果品深加工等方面一直走在全国前列。2012—2018年，全国、全省果品质量安全监督200多次抽查中，烟台苹果合格率均达到100%，过硬的果品品质奠定了烟台市苹果品牌价值的基础。

烟台苹果质量提升得益于政府品牌战略的打造。早在1994年，烟台市政府就提出品牌战略，先后出台了《关于推进农业品牌化建设的意见》《烟台名牌人农产品认定管理办法》等多个关于农业品牌化建设的文件。2002年烟台苹果获国家地理标志产品保护，2008年成功注册国家地理标志证明商标，2011年荣获中国驰名商标。2014年，烟台市政府出台了《关于加快推进苹果产业提质升级的意见》，提出从调整种植结构、改善经营模式、发展电子商务、强化推介宣传等方面入手，培育烟台苹果品牌。2015年，为了突破自身发展瓶颈，促进老品牌焕发活力，烟台市政府委托浙江大学CARD中国农业品牌研究中心团队为其量身打造《烟台苹果品牌战略规划》，对品牌发展进行战略设计，并出台了《烟台苹果品牌管理使用办法》，对烟台苹果进行严格的授权使用管理。2016年烟台特色农产品网上销售额居全省第一，网上销售额就超过15亿元，同比增长37%。2020年9月9日，《2020果品区域公用品牌价值评估结果》烟台苹果品牌价值为145.05亿元。连续12年稳居中国果品区域公用品牌价值榜首位。

二、烟台苹果发展现状

（一）烟台苹果生产情况

1. 烟台苹果生产相对稳定

烟台苹果种植面积最大地区为栖霞，其次为蓬莱、招远、牟平、莱阳、海阳等地，见表3-1。烟台苹果发展的定位是实现产业由总量扩张向质量转变，2015年以来，烟台苹果的面积稳定在280万亩左右，各年份间稍有变化，但不太大。2018年和2019年数据差别较大主要原因是2019年老果园改造，伐掉了部分果园，新上面积小于伐掉面积。2019年和2015年对比，蓬莱苹果面积增长幅度较大，蓬莱苹果品质好，售价较高，果农种植积极性较高。龙口、莱山区和开发区种植面积增加，牟平、莱阳、海阳、栖霞等地略有减少。

表3-1　烟台市不同年份果树面积（万亩）

	2015	2016	2017	2018	2019
芝罘	0.2	0.0	0.0	0.0	0.0
福山	2.0	2.0	2.0	2.0	2.0
莱山	1.3	1.3	1.3	1.3	2.1
开发	0.4	0.4	4.6	4.3	3.2
牟平	26.0	25.4	24.4	23.8	23.6
龙口	11.8	11.3	14.5	14.4	15.1
蓬莱	32.3	33.5	33.9	34.3	36.9
莱州	15.2	15.3	16.3	15.3	15.6
招远	33.5	33.6	33.9	34.5	33.9
莱阳	28.7	28.2	27.4	26.9	24.6

续表

	2015	2016	2017	2018	2019
栖霞	100.0	100.0	96.3	103.6	96.9
海阳	31.2	28.2	26.2	21.0	21.0
长岛	0.1	0.1	0.1	0.1	0.0
昆嵛	0.0	1.2	1.2	1.2	0.1
合计	282.7	280.5	282.1	282.7	275

数据来源：烟台市果茶工作站

2. 苹果生产分布相对集中

受益于相对稳定的种植面积，烟台最近 5 年苹果总产量均稳定在 500 万 t 以上，其中栖霞产量最高，除 2019 年外，均在 200 万 t 以上，占了烟台苹果总产量的 40% 左右。烟台苹果产量排第二位的地区为蓬莱，占烟台苹果总产量的 20% 左右。其次为招远、牟平、海阳、龙口，几个地区产量在 40 万 t 以上（表 3-2）。

表 3-2　烟台市不同年份烟台苹果产量（万 t）

	2015	2016	2017	2018	2019
芝罘	0.4	0.0	0.0	0.0	0.2
福山	3.6	3.6	3.6	3.1	3.5
莱山	2.8	2.8	2.8	2.8	4.5
开发	1.5	1.7	18.5	11.4	7.1
牟平	59.9	62.1	60.4	49.3	49.1
龙口	26.6	29.8	25.0	21.5	43.5
蓬莱	90.2	91.7	84.3	80.8	97.9
莱州	37.0	33.4	32.6	33.4	32.4
招远	49.0	51.0	48.3	46.8	55.1
莱阳	23.8	22.4	19.0	20.4	25.4
栖霞	220.0	220.0	220.0	210.2	180.7
海阳	51.2	56.0	56.0	52.2	44.5
长岛	0.1	0.1	0.1	0.1	0.1
昆嵛	—	2.8	2.2	3.0	3.0
合计	566.1	577.4	572.8	535.0	547.0

数据来源：烟台市果茶工作站

3. 苹果品种以富士为主

从表 3-3、表 3-4 可以看出，烟台苹果的种植结构目前仍是富士独大，2019 年烟台苹果的种植面积为 276.2 万亩，产量 547.2 万 t，其中富士种植 244.556 万亩，占比为 88.54%，产量 480.697 万 t，占比 87.85%；嘎啦、珊夏和藤木一等早熟品种总种植面积为

10.904 万亩，占比 3.95%，产量 22.8 万 t，占比 4.17%；红将军和乔纳金等中熟品种种植面积为 16.144 万亩，占比 5.85%，产量 34.0 万 t，占比 6.21%。

表 3-3　2019 年不同品种的种植面积（万亩）

	富士	嘎啦	珊夏	红将军	乔纳金	藤木一	其他
芝罘	0.04	0	0	0	0	0	
福山	1.82	0.06	0.002	0.053	0.005	0.003	0.077
莱山	1.7	0.1	0.05	0.15	0.005	0.005	0.09
开发	3.096	0.01		0.05			0.02
牟平	21.7	0.443		1.477			
龙口	14.5	0.1	0.03	0.35	0.1	0.02	0.04
蓬莱	32.4	1.6	0.2	1.4	0.3	0.4	0.6
莱州	12.5	0.8	0.03	1.6		0.02	0.65
招远	30.5	1.5	0.2	1.3	0.1		0.3
莱阳	21.25	1.115	0.2	1.14	0.6	0.1	0.185
栖霞	88	2.502	0.002	6.033	0.181	0.002	0.13
海阳	16	1.3	0	1.2	0	0	2.5
长岛	0.05	0.01	0		0	0	0
昆嵛	1	0.1	0	0.1			0
合计	244.556	9.64	0.714	14.853	1.291	0.55	4.592

数据来源：烟台市果茶工作站

表 3-4　2019 年不同品种的产量（万亩）

	富士	嘎啦	珊夏	红将军	乔纳金	藤木一	其他
芝罘	0.2	0	0	0	0	0	
福山	3.063	0.12	0.006	0.109	0.015	0.009	0.224
莱山	3.7	0.1	0.1	0.4	0.01	0.01	0.2
开发	6.92	0.02		0.15			0.04
牟平	44.579	1.092		3.456			
龙口	42	0.2	0.05	0.95	0.22	0.04	0.05
蓬莱	86.34	3.2	0.5	4.2	1	1.2	1.5
莱州	26.3	1.7	0.05	3		0.04	1.3
招远	48.5	3	0.3	2.5	0.3		0.5
莱阳	20.985	1.902	0.206	1.485	0.626	0.1	0.1
栖霞	162.439 6	5.65	0.001	12.133 2	0.345	0.002	0.139
海阳	33	3		2.9			5.6
长岛	0.07	0.02					
昆嵛	2.6	0.18		0.22			
合计	480.697	20.184	1.213	31.503	2.516	1.401	9.653

数据来源：烟台市果茶工作站

4. 苹果树龄结构以 10 年以上为主

从图 3-9 可以看出,烟台苹果 10 ~ 19 年生树所占面积最大,为 104.676 万亩,5 ~ 9 年生树种植面积为 54.941 万亩,20 ~ 25 年生树面积为 48.428 万亩,1 ~ 4 年生树 46.325 万亩,26 年生以上树 21.83 万亩。烟台苹果这两年的更新力度加大,2018 年以前烟台 20 年以上的苹果园有 120 万亩,从 2019—2024 年,烟台市政府集中 5 年时间,连续实施老劣果园更新改造专项补贴,预计到 2024 年完成老劣低效果园更新改造。截至 2019 年底,烟台苹果 20 年以上的果园还有 70 万亩。

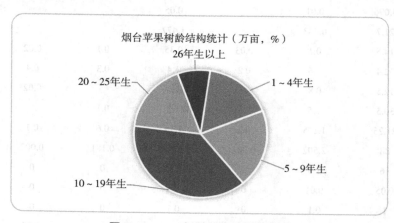

图 3-9　2019 年烟台苹果树龄结构

数据来源:烟台市果茶工作站

5. 新型栽培模式以短枝型和矮化砧木栽培为主

烟台苹果新型栽培模式以短枝型和矮化砧木栽培模式为主。截至 2019 年,短枝型和矮化砧木栽培面积合计约 17 万亩,其中矮化砧木包括 M26 中间砧、M9T337 中间砧和自根砧等,矮化砧木多为 1 ~ 8 年生树,15 年生以上矮砧所占比例较少。

表 3-5　烟台苹果新型栽培模式统计(2019,亩)

合计	短枝型栽培面积	矮砧栽培面积	矮砧类型				矮砧树龄结构			
			M26 中间砧	M9T337 中间砧	M9T337 自根砧	其他矮化砧	1 ~ 3 年生	4 ~ 8 年生	8 ~ 15 年生	15 年生以上
169 513	18 710	150 803	58 170	30 652	47 077.33	14 904	48 330	55 035	32 720	14 370

数据来源:烟台市果茶工作站

(二)烟台苹果储藏加工情况

1. 冷库保证季产年销均衡上市

目前,烟台市共有气调库 243 座,库容量 78.05 万 t,冷风库 974 座,库容量 254.13 万 t。总库容量为 332 万 t,可应市周期实现主动把握,在全国各苹果产区率先实现季产年销,均衡上市,周年供应。

2. 苹果分级加工仍以人工为主

烟台市有分级包装生产线 66 条，年加工能力 77.6 万 t，仅占烟台苹果总产量的 14.18%，分级包装生产线覆盖面占比不高，说明烟台苹果的分级包装仍以人工为主。

3. 苹果加工能力尚待加强

烟台具有果汁加工生产线 28 条，年加工能力可达 49 万 t，有罐头加工厂 19 个，年加工能力 16.35 万 t，其他果干、果脯等加工厂 25 个，年加工能力 8.55 万 t。烟台苹果的果汁、罐头、果干、果脯等实际加工数量为 35.425 万 t，相对于烟台苹果年产量 547.2 万 t，加工占比为 6.47%。

（三）烟台苹果市场流通情况

烟台市果农主要采用以下三大类营销渠道进行果品销售，即果农 + 消费者的直销模式、果农 + 专业批发市场模式和果农 + 合作组织模式。

果农 + 消费者模式包括两种，一是最传统的线下模式，但是目前采用人数不多；二是线上模式，随着互联网的兴起，果农自己开网店，例如淘宝店铺、拼多多店铺或微商等形式直接销售自己家的果品。

果农 + 专业批发市场模式是目前使用范围最为广泛，也是果农认可度最高的渠道模式；这种渠道主要是由果农把苹果卖给果商，果商再将苹果运往销地市场或通过各级中间商送往消费者手中。

果农 + 基地 + 农业合作社模式是国家支持、政策倾向的一种渠道模式，虽然比例逐年增加，但是果农的认可度不高。

（四）烟台苹果进出口情况

1. 出口贸易表现为"三阶段"特征

山东省烟台市苹果主要对新鲜苹果和浓缩苹果汁进行出口。烟台市新鲜苹果出口规模的趋势演变大致可以分为 3 个阶段。2005—2010 年，新鲜苹果出口平均增长率为 9.45%，表现为快速发展特征；2010—2015 年，新鲜苹果出口经历了直线下降，势头十分显著，表现为断崖式下跌的发展特征，国际金融危机和鲜苹果价格上升快是两大主因；2015—2017 年，新鲜苹果出口数量平均增长率为 38.33%，出口金额上涨了 25 个百分点，表现为迅速回暖的发展特征，人民币汇率及苹果单价下降是主要原因。相比于新鲜苹果的出口贸易规模，浓缩苹果汁的出口贸易规模比重仅占苹果产品的 15.61%，是苹果产品出口中的冰山一角，出口规模总体波动中下降，新鲜苹果一直是苹果出口占比最大种类。其中新鲜苹果占苹果产品比重的 80%，苹果加工产品仅占 20%。

2. 苹果出口量逐渐回落，转向国内高端鲜食市场

目前山东省的苹果年产量约占全国的 1/4，年出口量近 60 万 t，约占全国的 1/3，其中烟台苹果产业的壮大得益于其出口导向。由于进口国对苹果的质量要求较高，烟台农户苹果生产管理投入更大，苹果的产量和销售价格也较高，苹果产业定位在了一个相对高端的消费市场。近年受人民币升值、生产成本上升和欧洲、东南亚贸易政策的影响，苹果出口形势严峻，烟台苹果从 2009 年以来出口下滑，2013 年从烟台出口的苹果批次、重量和货值与前一年同期相比下降 20% 左右，2014 年下滑幅度高达 30%，烟台苹果输往印尼 25 918 t，同比下降 27%；输往越南 1 181 t，同比下降 16%。

烟台苹果的出口趋势和中国苹果出口的趋势相符，中国苹果出口 2016 年首次突破 130 万 t，2017、2018、2019 年逐年下降，2017 年出口 133.48 万 t，2018 年中国苹果出口 111.8 万 t，2019 年进一步下降，为 97.12 万 t。

三、烟台苹果产业存在问题

烟台自然资源、栽培历史、栽培技术和优系品种等多重因素叠加，造就了烟台苹果的过硬品质。烟台的科研人员集成开发了苹果早果丰产栽培、壁蜂授粉、全套袋等全国领先技术。但烟台苹果产业也存在一些问题，亟须解决。

1. 人老、树老、品种老

果业从业人员年龄老化、结构断层、后继乏人，50 岁以上果农 110 多万人、占比超过 2/3，"老人无力种果、年轻人无意种果"的现象日益凸显；老劣果园面积大，树龄 20 年以上的老果园、郁闭园 120 多万亩、占比超过 1/3；着色差、上色慢、品质低的老品种一枝独大，富士品种占比近九成。

2. 经营主体分散、果农组织程度分散、地块管理分散

一家一户的分散经营模式占主导地位、户均种植面积不足 3.5 亩，新型经营主体苹果种植面积、产量分别仅占 1/10、1/5，果园随山就势、上山下滩、插花种植，难以集中统一管理。即便是一家一户经营，也普遍存在地块分散、难以集中管理的问题。

生产技术推广普及应用不够、生产标准不统一。普通果农生产管理要么凭经验、要么靠农资店指导，缺乏标准化生产技术规程，缺乏及时有效的技术服务，各管各的园、各种各的果，相同品种的果品品质差异明显。

3. 用工高、消耗高、成本高

果园生产机械化水平低、生产管理成本不断增加。现代果园机械使用和普及率不高，果园生产环节主要依靠人工，日常管理平均每亩用工 14 ~ 22 个，套袋摘袋、疏花疏果等环节用工更多。亩均年用工量 35 个左右，而欧美等先进产区仅为 3 ~ 5 个。种植成本居高不下，每百斤苹果用肥量、用水量，分别是国外的 5 倍和 8 倍；化肥、农药、果袋、反光膜等农资成本，加上不断增长的用工成本，全市苹果园种植成本达到每亩 6 000 元以上，苹果种植的保本价格达到 2 元 / 斤，形成高投入、高消耗、高成本、低价格的"三高一低"。

4. 采后商品化处理和贮藏技术仍落后

烟台市在苹果采后商品化处理和贮藏技术方面仍旧不足，目前已有的配套设施总贮藏量仅为总产量的 1/2 左右。另外，烟台市的大部分农户更倾向于采摘后不进行任何处理，这使得苹果尝起来果味淡、肉质发面、偏酸而香气不足。烟台市苹果冷链运输率为 15%，而发达国家苹果冷链运输流通率达到 95%。鲜食加工比例不协调，深加工率平均不到 10%，相比发达国家 35% 的加工率有较大差距。

5. 国际市场、国内市场、其他水果市场挤压

面向国际市场出口减少、进口增加、价格明显挤压。2018 年我国水果出口 71.6 亿美元、进口 84.2 亿美元，水果首次转为逆差并有可能在未来进入常态化。进口苹果的到岸价格分别为美国苹果 4.92 元 / 斤、智利苹果 4.22 元 / 斤、波兰苹果 2.89 元 / 斤，进口苹果已经逼近烟台苹果 2 元 / 斤的保本价格。

面向国内市场供给充裕、价格下行、市场分化，国内西部苹果崛起，国内苹果市场结构性失衡矛盾显现，陕西省苹果种植面积 890 万亩，产量超过 1 000 万 t，生产总量逐年增加。2017 年全国苹果总产量 4 380 万 t，人均 32 kg，总体上进入产能相对过剩、市场供给充裕阶段。烟台苹果曾长期占有北京、上海、广州等城市 60% 以上的市场份额，近年来市场不断被西部产区蚕食，市场份额普遍下降 10% ～ 30%，相当数量的库存苹果延迟到"五一"节后销售，极大增加了储存成本和市场风险。

四、烟台苹果产业发展措施和建议

烟台苹果目前正处在转型升级的关键期，着手加快品种创新，培育苗木市场，改造老劣果园，扶持建设规模化标准化生产基地，提高果园管理的机械化、智能化水平，进一步完善仓储设施，推进精深加工发展。

1. 加强优良种苗研发

从产业源头抓优良种苗繁育，依托烟台市农业科学院烟台国际苹果育种中心，整合人才和技术资源，建立苹果自主创新育种体系，加快培育一系列拥有自主知识产权新品种。在全市扶持建设 3 ～ 5 处苹果优良品种试验示范园，从根本上扭转红富士苹果一果独大问题，用新品种、新风味抢占新的中高端市场。

2. 推进果园现代化生产，构建生产体系新优势

强化技术集成推广。突破创新推广免套袋、绿色防控等一批苹果产业发展关键技术。加强现代果园生产管理技术方案集成和推广服务，把节水、节肥、节药、改土、抗重茬等规范生产技术规程送到果园地头，提升改善果园土壤质量，提高果实品质。以提高果园机械化水平为重点，着力实施系列节本增效工程建设，加强对整型修剪、平台收获、高效喷雾、智能化选果等重要果业机械的开发和利用。

3. 从经营环节抓新型经营主体培育，深化产业化经营，构建经营体系新优势

支持党支部领办苹果产业合作社。在栖霞、蓬莱、牟平、招远等苹果主产区和产业大县，重点支持党支部领办苹果产业合作社，在全面落实党支部领办合作社各项扶持政策的同时，加大苹果产业发展的专项资金和重点项目支持。

扶持壮大苹果产业龙头企业。鼓励果业龙头企业做大做强，组建实体性的"烟台苹果品牌管理运营公司"，打造大型企业联合体。

培育烟台苹果产业发展主力军，实施果业发展带头人培育工程。培养一批懂技术、善经营、会管理的领军人物。

4. 增强采后商品化处理能力建设，建设现代营销平台，构建营销体系新优势

提高采后商品化处理能力。加强分批采摘的技术指导和宣传引导，支持有条件的企业发展冷藏运输、引进苹果无损伤检测设备，提高苹果采后处理水平。研究开发果胶、膳食纤维等高附加值产品，建设苹果物联网，推进产业向高端发展。

强化品牌运营管理和苹果文化建设。举办好每年一届的烟台苹果产销对接会，拓展流通渠道，创新推介宣传模式，开发烟台苹果文创作品等，深入挖掘"烟台苹果"品牌的底蕴与内涵，展现品牌特色，擦亮金字招牌。

创新社会化服务模式，健全完善市场体系。以质量安全监管和市场管理为重点，完善苹果质量安全追溯体系，全面加强种苗、农资、仓储等各个环节的市场管理。积极开展农超对接、连锁经营，建立苹果配送中心、专卖店和专柜，拓展"窗口市场"。加强国际市场开拓，巩固东南亚等传统市场，开拓欧美、澳大利亚等国际高端市场。

第四节　金乡大蒜产业分析

金乡因蒜而名，因蒜而兴，是驰名中外的中国大蒜之乡、中国辣椒之乡、中国十大蔬菜之乡，是首批中国特色农产品（大蒜）优势区、全国首批国家现代农业产业园，素有"世界大蒜看中国，中国大蒜看金乡"的美誉。大蒜作为金乡区域特色优势农产品，在农业增效、农民增收等方面具有重要作用。从生产看，金乡大蒜收获面积稳中略降，鲜蒜头总产量先减后增，单产呈增加趋势，种植模式以蒜套辣椒为主。从加工流通看，金乡大蒜以初加工为主，流通体系成熟，产业链条完善。从出口情况看，金乡大蒜出口创汇居全国首位，出口市场相对稳定，以初级产品为主。从价格看，金乡大蒜价格波动频繁。从成本收益看，年收益不稳定，人工成本占比高，双辣种植模式经济效益可观。金乡是名副其实的世界大蒜种植培育、贮藏加工、贸易流通、信息发布和价格形成五大中心。

一、发展现状

（一）生产情况

1. 大蒜收获面积稳中略降，近年来降幅明显

2014—2019年我国大蒜面积基本稳定在1 100万～1 300万亩，我国大蒜种植区域分布广泛，但面积主要集中于山东省、河南省、江苏省3个省份，山东省大蒜收获面积呈现波动趋势，但每年均占全国收获面积的26%左右。金乡大蒜收获面积近年来降幅明显，2019年收获面积比2014年减少9万亩，与山东省大蒜收获面积占比由2014年的21%下降至2019年的15%，详见表3-6。

表3-6　2014—2019年金乡县、山东省、全国大蒜收获面积（万亩）

年份	2014	2015	2016	2017	2018	2019
金乡	62	56	58	62	60	53
山东	300	293	295	393	306	346
中国	1 187	1 263	1 228	1 235	1 244	1 251

数据来源：金乡数据来自于《金乡县国民经济和社会发展统计公报》，山东数据来自于国际大蒜贸易网，中国数据来自于联合国粮农组织（FAO）

2. 鲜蒜头总产量先减后增，单位面积产量呈增加趋势

2011年鲜蒜头总产量76.54万t，随后由于收获面积的下降，鲜蒜头总产量不断下滑，降至2016年的56.56万t，累计下降25.7%。2017年大蒜种植面积扩增，鲜蒜头总产量明显回升，2017年产量近10年首次突破90万t，此后两年产量均保持在85万t左右（图3-10）。与此同时，近年来金乡大蒜单产明显提升，2019年金乡大蒜单产创新高，达到1 637kg/亩，较2011年增产48.82%（图3-11）。

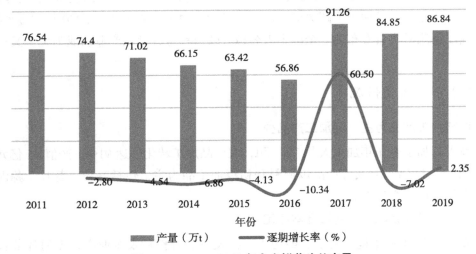

图3-10　2011—2019年金乡鲜蒜头总产量

数据来源：金乡县政府《金乡县国民经济和社会发展统计公报》

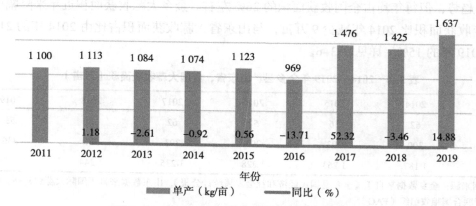

图 3–11　2011—2019 年金乡鲜蒜头单位面积产量

数据来源：金乡县政府《金乡县国民经济和社会发展统计公报》

3. 种植模式以蒜套辣椒为主，推动双辣产业发展

近年来，金乡县在做强大蒜主导产业的同时，立足大蒜主导产业的资源优势、生态优势和区位优势，创新性地探索出了蒜椒套种生产模式，辣椒产业已成为继大蒜之后的朝阳产业，逐步发展成为金乡代表性的双辣（蒜椒）产业。随着蒜套辣椒种植模式的推广，现全县常年种植辣椒面积稳定在 40 万亩，辣椒年吞吐量 20 万 t，产值 16 亿元以上，经济效益显著，2013 年金乡县被中国蔬菜流通协会命名为"中国辣椒之乡"，2020 年"金乡辣椒"获评中国蔬菜流通协会发布的"全国十大名椒"荣誉称号，辣椒产业已成为金乡又一项主导产业。

（二）加工流通情况

1. 以初加工产品为主，深加工产品少

金乡大蒜加工企业年加工大蒜 110 万 t，农产品加工转化率达 91%，产值 65 亿元，是一产产值的 2.77 倍。但大蒜产品以原料和初级加工品为主，包括蒜粉、蒜片、蒜泥、蒜米等，大蒜深加工产品少。

2. 大蒜流通体系成熟，销路基本稳定

金乡大蒜流通主体包括蒜农、经纪人、批发商、合作社及企业等，流通环节包括蒜农—经纪人—批发商—零售商—消费者，经纪人从蒜农手中收购的大蒜有 3 种去向，贮藏、发国内外市场以及到工厂进行深加工。金乡大蒜市场经多年发展知名度高，销售体系成熟多样，国内外客商众多，销路有保证。

3. 大蒜产业链条完善，辐射带动能力强

金乡以及周边建设有国内最大的冷库群，金乡县建有大中型恒温库 1 700 余座、贮藏能力达到 300 万 t 以上，每年大蒜库存量超全国库存的 60%，金乡的冷库并不仅供金乡蒜商使用，还承担周边产区的大蒜库存，进一步巩固了金乡大蒜仓储加工、贸易流通中心的地位。全县发展大蒜加工销售企业 700 多家，已培育规模以上大蒜加工企业 128 家，其中，深加工企业 76 家，国家级、省级、市级农业龙头企业分别有 1 家、8 家和 44 家。2019 年全县产业化组织（龙头企业、合作社、专业市场等）带动农户约 15 万户，其中，县级以上龙头企业带动农户数 13 万户，占 86.7%，成为中流砥柱。形成了集大蒜种植、加工、贮藏、贸易、信息于一体的结构完整、运转高效的庞大产业链。

（三）出口情况

1. 大蒜出口创汇居全国首位，2020 年出口量创新高

截至 2020 年底，金乡县具有自营进出口权的涉农企业达 540 家，金乡大蒜出口额占全国大蒜出口额的比重一直在 18% 左右，大蒜单项农产品出口创汇多年来居全国第一，金乡大蒜销售领跑国际市场。据济宁商务局统计数据，2013 年后金乡大蒜及其制品出口市场逐渐萎缩，国际市场情况不容乐观；2018 年中美贸易摩擦背景下美国对从中国出口到美国的部分农产品加征关税，大蒜出口难度增大，2019 年出口量下降；2020 年全球贸易受新冠肺炎疫情影响，但国内疫情迅速得到控制，国际上疫情没有明显好转，促使国外企业纷纷选择国内产品，成为我国大蒜出口的新机遇，2020 年金乡大蒜及其制品出口量为 47.77 万 t，同比增长 60.3%，出口额为 46 875 万美元，同比增长 49.8%。

2. 大蒜出口市场相对稳定，美国是第一大出口国

欧洲出口市场一直保持稳定。北美市场出口额 2018 年后大幅下滑，主要是美国市场不稳定，2016 年以来金乡出口大蒜及其制品最多的国家是美国，每年出口额均占出口总额的 40% 左右，2018 年美国对我国出口的大蒜实行反倾销和配额限制，金乡大蒜及其制品出口美国总额比 2017 年减少 52.2%，但美国仍是主要的大蒜出口国之一。从地理分布来看，2019 年金乡大蒜及其蒜制品出口的国家和地区已达 147 个，出口额前五位的国家 / 地区分别为美国、加拿大、德国、荷兰、巴西，出口额与全年出口总额占比分别为 34.39%、9.29%、8.76%、7.51%、6.68%。

3. 大蒜出口产品以初级产品为主

出口的主要大蒜产品为干大蒜，其他大蒜制品有鲜大蒜、盐水大蒜等初级加工产品。2019 年干大蒜出口量占整个出口量的 96% 以上，而醋腌大蒜、冷冻大蒜、盐水大蒜出口数量很少。

（四）市场价格情况

大蒜作为一种生长周期较长的经济作物，其价格波动的背后可用经济学中的供求规律和"蛛网模型"解释。纵观历史数据，可以发现，2016 年鲜蒜头收获量为近年来最少，2017 年初金乡白蒜价格则达到最高点，大混级白蒜价格达到 7 元 / 斤；随后蒜农大量跟风种植，价格出现断崖式下跌，到 2018 年 7 月达最低点，小混级白蒜价格仅 0.75 元 / 斤；之后新蒜入库价格逐渐攀升，到 2019 年 6 月小混级白蒜价格 4.4 元 / 斤，随着新蒜大量上市价格暴跌，2019 年 10 月小混级白蒜价格跌至 1.5 元 / 斤；新蒜入库后价格又逐渐上升，并至 2020 年 4 月保持在 3 ～ 4.5 元 / 斤，2020 年初由于疫情影响，国内经济下行严重，致使当年新蒜价格断崖式下降，2020 年 6 月大混级白蒜价格 1.5 元 / 斤，随后保持 2.5 元 / 斤的低位运行态势。

（五）成本收益分析

1. 大蒜种植总成本上涨，人工成本和物料成本占比高

根据调研数据，2020 年金乡大蒜种植总成本为 3 557 元 / 亩，河南杞县、江苏邳州大蒜种植成本差不多 3 000 元 / 亩，金乡大蒜种植成本高于周边产区。其中，金乡产区大蒜种植人工成本占比最大，达 46.39%，这也是制约金乡大蒜产业种植生产效率提升的重要因素之一；蒜种成本占总成本的 30%，蒜种单价远远高于大蒜单价，普通农户种植大蒜会自留蒜种，但两年后大蒜品质下降仍会重新买蒜种；肥料费用也占大蒜成本相当高的比例，尤其近几年受国际市场影响，化肥价格一直上涨，2020 年每袋化肥价格比 2019 年高 20 元，大蒜是需大水大肥的作物，因此近几年有些农户会选择施用有机肥，如豆饼、鸡粪，既改善土壤又降低成本。一直上涨的大蒜种植成本，迫使金乡当地种植大户选择到成本低的地区种植大蒜，这也是金乡产区收获面积减少的原因之一。

2. 大蒜收益不稳定，但年均收益明显高于大田作物

受新冠肺炎疫情影响，又恰逢大蒜丰收年，2020 年金乡蒜薹、大蒜价格普遍较低。据调研，金乡县蒜薹亩产 250 kg，价格 1.6 元 /kg，亩产值 400 元；蒜头亩产 1 400 kg，价格 2.6 元 /kg，亩产值 3 640 元；大蒜每亩总产值共 4 040 元。若蒜农种植大蒜是自有土地，则大蒜亩收益为 483 元。若在大蒜行情好的年份，如 2019 年 6—8 月均价 7.8 元 /kg，大蒜亩收益可达 8 000 元。

2020 年金乡县小麦亩产 450 kg，价格 2.2 元 /kg，每亩产值 990 元。从产值看，大蒜产值是小麦产值的 4 倍。小麦每亩种植成本 500 元，包括种子费用 50 元、肥料费用 200 元、机械费用 200 元、灌溉费用 50 元，小麦每亩收益 490 元。从收益看，小麦年收益变化不大，在大蒜行情不好年份，大蒜收益与小麦收益相当，在大蒜行情好的年份，大蒜收益可达小麦收益的 16 倍。

3. 双辣种植模式经济效益可观，投资收益大

以 2020 年为例，极端气候对金乡辣椒产区影响较重，受持续暴雨袭击，部分辣椒田地出现不同程度内涝现象，辣椒落花、落果、病害发生较重，辣椒成片枯死，甚至出现绝产地块，因此，2020 年金乡地区辣椒产量普遍较低，亩产约 125 kg，销售价格可观，约每斤 12 元，亩产值 3 000 元。在不计算农户自身劳动和自有土地成本的情况下，辣椒种植成本每亩约 700 元，每亩收益为 2 300 元。2020 年金乡种植大蒜和辣椒的农户每亩纯收入达 3 670 元，因此即使大蒜辣椒行情不好，对比普通大田作物收益依然可观，金乡农户不会轻易放弃双辣种植模式，多年双辣种植习惯使金乡农户抵抗市场风险能力较强。

（六）政策服务

1. 大蒜实施目标价格保险制度

为贯彻落实中央和山东省委省政府支农惠农政策精神，结合金乡县大蒜种植实际情况，自 2015 年开始每年制定《大蒜目标价格保险工作实施方案》。金乡大蒜目标价格保险制度遵循政府引导、市场运作、自主自愿、协同推进的基本原则，先后有中国人民财产保险股份有限公司、中国平安财产保险股份有限公司、中华联合财产保险股份有限公司、中国人寿财产保险股份有限公司等 8 家保险公司参与承保。

2015—2020 年，全县累计投保大蒜目标价格保险 232 万亩。从表 3-7 中可以看出，2015—2017 年试点期间投保数量逐渐增加，基本实现全覆盖。2018 年是金乡大蒜目标价格保险由试点工作转变为常规性工作的第一年，与 2017 年相比发生了很大改变，试点期间的优惠政策将不再继续施行。对农户来说，保费由投保农户自行承担的比例加大，保险金额下调，仍能起到保障农户成本的作用；对保险公司来说，承担风险有所减小；对政府来说，金乡县政府对大蒜目标价格保险试点工作转变为常规性工作，政策的转变大大减少政府财政压力。从 2018 年金乡大蒜目标价格保险转变为常规性工作后，金乡县大蒜种植投保比依然增加，说明经过前期推广工作农户正逐渐接受这种保险模式。

表 3-7　2015—2020 年金乡大蒜目标价格保险目标价格及投保比

年份	目标价格（元 / kg）	保险金额（元 / 亩）	保费（元 / 亩）	保费由农户自行承担比例（%）	投保亩数（万亩）	投保比（%）
2015	3.46	2 500	250	20	17	30
2016	3.46	2 500	250	20	48	82
2017	4.00	2 500	200	20	61	99
2018	3.40	2 000	140	40	34.5	58
2019	3.00	2 000	140	40	30	57
2020	3.46	1 800	126	40	41.5	74

数据来源：金乡县人民政府网站

2. 发挥电商与大数据服务功能

金乡县构建了智慧产业园、蒜都跨境电商、中国大蒜研究院，构建了"一区多园"电商产业布局，自主开发了测土配方施肥查询系统，构建了高质量安全追溯平台，凯盛国际农产品物流城建有数字农展交易服务中心，内有农产品现货拍卖中心、电子结算中心、检验检疫中心等。同时，金乡大蒜产业在长期发展中，涌现了许多金乡大蒜数据公布平台，发布大蒜指数，在预测功能、服务决策等方面发挥了一定作用。

3. 着力打造金乡大蒜品牌建设

"金乡大蒜"被国家工商总局认定为"中国驰名商标""山东省首批知名农产品区域公用品牌""山东省十大地理标志商标"，产品先后获得"国家农产品地理标志认证""欧盟地理标志认证"，多次在全国农产品交易会、有机食品博览会、绿色食品博览会上获得金奖。金乡先后荣获"全国绿色食品原料（大蒜）标准化生产基地""全国有机农业（大蒜）示范基地""国家级农副产品加工示范基地""国家级外贸转型升级（大蒜）专业示范基地"等多项国家级殊荣，2019 品牌农业影响力年度盛典中，"金乡大蒜"区域公用品牌成功入选 12 个中国最具影响力农产品区域公用品牌，是山东省唯一入选的农产品品牌。第十二届中国国际商标品牌节暨 2020 中华品牌商标博览会上，"金乡大蒜"荣获 2020 中华品牌商标博览会金奖。2020 年在全国首批农产品区域公用品牌价值评估和影响力指数评价中"金乡大蒜"品牌价值 218.19 亿元，位列全国农产品第八，蔬菜类农产品第一位。

二、问题风险

（一）主要问题

1. 种植重茬严重，产品质量优势不突出

金乡大蒜种植历史悠久，重茬问题尤其严重，大大影响了大蒜品质；同时缺乏对金乡大蒜品种的有效保护，对比其他新兴大蒜产区，产品质量优势不突出。

2. 产品科技含量低，行业缺乏品牌引领

金乡大蒜加工以初级品为主，主要停留在腌制、切片、烘干等简单工艺上，产品附加值低。目前虽已掌握大蒜素、大蒜油生产技术，但由于深加工企业投资需求大，对产品质量要求高，金乡缺乏实力雄厚的企业集团，对技术含量高的大蒜精深加工产品的研发投入不足。

3. 出口结构不合理，产品受国际价格影响大

虽然金乡大蒜出口企业数量增加很快，但大部分企业规模小，都是贸易型企业，大蒜出口以原料为主，造成低价竞销，从而引起国外反倾销，产品价格受国内外市场影响明显。

4. 电子商务基础薄弱，大数据功能服务应用不足

金乡电子交易服务平台已投入使用，但电子支付、物流仓储管理、交易监管等功能尚不足，关于金乡大蒜生产、仓储、交易等环节的监测体系，运营成本高。尽管与淘宝、京东等电商平台开展了大量合作，但知名品牌少，产品后续电子交易持续力不足。另外，金乡地区现有 4 家大蒜数据发布网站，但网站规模小而散，缺少具有权威性的统筹平台，大蒜大数据应用功能薄弱。

（二）风险分析

1. 价格波动频繁，产业可持续发展风险大

蒜价频繁大幅度波动，2016 年经逢"蒜你狠"之后，2017 年大蒜市场又经历"蒜你贱"，2018年大蒜市场一片萧条，2019年行情较好，但2020年受新冠肺炎疫情影响大蒜价格暴跌，大蒜行情不稳定，蒜农利益严重受损，打击蒜农生产积极性，中间商和企业也面临极大的经营风险，对大蒜产业健康可持续发展产生影响。

2. 国际贸易面临多重壁垒，国际市场开拓难

美国、加拿大、巴西、南非先后对我国大蒜实施反倾销；韩国严格限制我国对韩大蒜出口数量；欧盟、印度和泰国对我国实行进口配额限制；澳大利亚等国家对我国大蒜提出特殊检疫要求，国外技术贸易措施成为阻碍出口的因素之一，这些贸易壁垒在很大程度上限制了我国大蒜市场空间，加大了金乡大蒜的出口压力和国际市场开拓难度。

3. 国内市场游资炒蒜，扰乱市场秩序

在大蒜减产的市场背景和蒜价上涨的预期下，许多游资会进入大蒜市场，通过收购大蒜、贮存达到预期盈利后卖出，然后再根据行情进行新一轮操作，进而对大蒜价格波动起了推波助澜的作用，扰乱了正常市场供求关系。

三、措施建议

虽然金乡大蒜产业面临上述风险，但机遇往往伴随着挑战，从发展空间来看，金乡大蒜产业的发展潜力依然很大。首先，2020年初世界大蒜贸易深受疫情影响，而随着国内疫情稳定，国外疫情仍具有不确定性，我国大蒜成为众多大蒜进口国家的首选，是获得国外市场认可的好时机。其次，随着市场和消费者对大蒜产品需求的增加，开发以大蒜的功能物质为主的产品市场前景广阔。因此，为实现产业高质量发展，针对金乡大蒜产业发展中存在的问题，提出以下建议。

1. 构建产业标准体系，提升产品品质

大蒜良种保护与选育，建立大蒜种质资源库，选育优良品种，构建大蒜育种、栽培示范园，推广适宜金乡的大蒜种植技术；构建金乡县大蒜产业标准体系，提出质控标准，加强大蒜产地检疫及生产资料监管工作，实现无公害、绿色食品验证，以品质、质量开拓市场。

2. 加快产品开发创新能力，提高产品附加值

加大科技投入力度，研发或引进具有环保、投资少、见效快的大蒜深加工技术或设备是缓解目前市场压力的有效途径，通过加大科技投入，鼓励和引导龙头企业向精深加工方向发展，提高新产品开发能力；发展深加工创造自己的品牌产品，通过市场倒逼机制，根据消费需求调整研发产品，引导企业延伸产业链条，提升品牌影响力，是大蒜产业健康持续发展的保证。

3. 强化信息服务，提高数据服务能力

搭建大蒜大数据平台，各大产区种植、贮藏、加工、销售信息未整合，对指导大蒜产业发展有一定盲目性，通过搭建大蒜大数据平台，在全国开展大蒜产业数据采集、整理、发布，开展大蒜产业信息交流，促进大蒜产业协调发展；发挥数据引导作用，众多大蒜数

据发布平台发布"大蒜指数"专业性较强，对大蒜种植户、中间商的参考性有待提高，要强化各类指数的解读，让指数通俗易懂便于理解，发挥各项指数的引导作用。

4. 加大市场监管力度，规范市场秩序

加强产业监测预警机制，当市场出现争购、抢购、脱销等供求异常情况，市场价格出现异常波动时，积极运用财政补贴、价格保险等多种方式对商品实行价格干预。完善储备和投放机制，运用政府收储调节市场流通量；加强恶意囤积和游资炒作监管，严厉打击借干旱、低温、暴雨等异常天气因素和突发公共卫生安全事件炒作、哄抬价格的行为，引导蒜农与加工企业、合作社建立稳定的合作关系。

第五节　油用牡丹产业分析

牡丹（*Paeoniax suffruticosa* Andr.）是我国传统的名贵花卉，素有"花中之王"的美称，是我国传统的"十大名花"之一。中国是世界上牡丹重要栽培、科研、消费、出口大国，在世界牡丹产业发展中具有举足轻重的作用。油用牡丹品种的发现与发展有利于促进我国油料生产，也有利于保障粮油的安全发展，前景广阔，是目前国内外一个新型产业领域，围绕其潜在价值所产生的加工产业深受国内外广泛重视。

一、产业概述

牡丹属于芍药科芍药属牡丹组，在我国已经有 1 600 年以上的栽培历史。油用牡丹是指开花结实能力强、产籽量高、种子可以压榨加工食用牡丹籽油的牡丹类型。油用牡丹是从我国特有资源中新开发出来的油料作物，具有抗性强、产量高、品质好以及出油率高等特点，其价值主要体现在油用价值和药用价值、观赏价值 3 个方面。油用牡丹在我国适宜种植的地域范围广，可利用的土地量大，尤其作为一种多年生小灌木，适宜在立地条件较差、土层较瘠薄及林下等"边缘土地"上种植发展，具有"不与民争粮，不与粮争地"的独特优势，油用牡丹产业越来越被中央、省、市领导重视，给予很多优惠政策，推动了该产业的快速发展。

（一）生产特征

1. 种植面积逐年增加

近年来，我国油用牡丹种植面积不断增加（图 3-12）。2014 年，国务院办公厅颁布了《关于加快木本油料产业发展的意见》，将油用牡丹与油茶、核桃等木本油料一起列入了发展规划，我国油用牡丹产业发展速度急速增长，2013 年全国种植面积仅为 75.24 万亩，2019 年增加至 378.18 万亩，年平均增长率 30% 以上。

由于政府号召及政策支持，油用牡丹种植面积大幅增加，但由于牡丹籽加工企业没有同步增加，相关产品宣传不到位，市场价格定位不合理，形成了现在油用牡丹相关产品加工能力薄弱、终端市场疲软等现象，企业库存牡丹籽较多，牡丹籽原料价格大幅下降，种植户由于每年新收获的牡丹籽没有加工企业收购，造成产品积压，因而种植热情有所降低，种植面积增长率逐年下降。

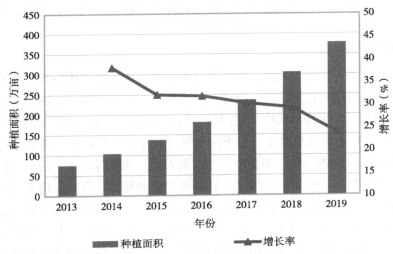

图 3-12　2013—2019 年全国油用牡丹种植面积和增长率变化趋势

数据来源：中国牡丹产业协会

2. 产量连年增加

增长率逐渐稳定近年来我国油用牡丹籽产量连年增加，从 2013 年的 22.57 万 t，增加至 2019 年的 117.16 万 t，同比增长率逐渐稳定在 30% 左右（图 3-13）。

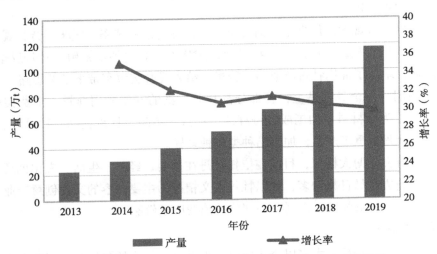

图 3-13　2013—2019 年全国油用牡丹产量和增长率比变化趋势

数据来源：中国牡丹产业协会

3. 产区分布相对集中

油用牡丹种植区域分布广泛，尤其近几年作为极具开发潜力的木本油料作物，在全国大范围得到快速推广，截至 2019 年 6 月，全国油用牡丹种植面积约 160 万亩，主要分布在山东、河南、陕西、山西、甘肃、安徽、四川等地，其中山东种植面积最大，2019 年达 100 万亩，河南省种植面积 87 万亩，陕西省种植面积达 72 万亩；山东、河南、陕西三省种植面积之和超过全国总面积的 50%。山东油用牡丹种植以菏泽、洛阳、铜陵为主要分布点。

4. 种植模式趋于多样

油用牡丹具有适应性强的特点，在干旱以及土壤贫瘠地区均能生长。另外，我国耕地面积有限，又担负着国家粮食生产的重任，林农争地矛盾十分突出，而与经济林木套作的林农复合经营模式可以很好地解决上述问题。目前来说，针对牡丹主要的种植模式有以下3 种。首先最常见是平原露地栽培，由于油用牡丹栽植前两年不能收获牡丹籽，种植户一般在前两年将其与农作物间作，如套种大豆、朝天椒、花生等作物，增加前两年期间的一些土地收入。其次是林下间作套种模式，牡丹喜光但忌暴晒，喜欢在透光而不直射、遮阴而不郁闭的林下生长，因此适当荫蔽的林下环境是油用牡丹最适宜的生长环境。油用牡丹与林木进行间作套种的生产模式很多，主要有杨树林下套作油用牡丹、油用牡丹与香椿立体种植、核桃（花椒）林下套作油用牡丹等模式。最后，旱薄山地露地栽培也是常见的种植模式，油用牡丹是肉质根耐旱，但怕积水，适合种在陡坡山地上，特别适合荒山绿化造林，一年种多年收，成本低，可以充分利用我国的荒山荒地，既能绿化环境还能让农民获得收益。

（二）消费特征

1. 消费类型多样化

首先是油用牡丹观赏价值带来的消费类型。牡丹花艳丽多姿，气味芬芳，观赏价值较大，深受各国人民喜欢，因此产生了牡丹观赏园建设、观赏种苗繁殖、牡丹反季节栽培、鲜切花等产业，增加了油用牡丹产业的消费量，给人民脱贫致富带来了新思路。

其次，油用牡丹全身都是宝，各部分都具有广泛的开发利用前景，消费类型大大增加。以油用牡丹为原材料可加工成牡丹籽油、牡丹化妆品、牡丹食品、牡丹酒、牡丹茶、牡丹保健品、牡丹香熏等产品，加工品种类多种多样。

最后，牡丹文化博大精深，目前在依托牡丹在社会、经济、生活、文化创意等方面的影响所开发的周边产品日趋增多，如以牡丹人文精神为主要内容的文化创意产业，如牡丹瓷、牡丹刺绣、牡丹书画等也占据了一部分的消费市场份额。

2. 消费模式单一

种植户收获的牡丹籽，大多以企业回收，再进行进一步的深加工，消费渠道大多以线下和线上消费为主。目前油用牡丹的加工品虽然多样化，但是大多数牡丹深加工产品还都处于礼品馈赠流通模式，市场流通和群众认知度颇低。也就是说，油用牡丹的加工品消费模式较为单一，这也影响了其消费流通的速度。

3. 消费需求潜力大

同其他食用油相比，牡丹籽油营养成分含量相对较高，不饱和脂肪酸含量超过90%，α - 亚麻酸含量超过40%，亚油酸含量达27.2%，是我国独有的健康保健食用油。牡丹籽油的高油、高品质特性能够填补市场需求，市场前景良好。

（三）加工情况

油用牡丹的籽可以作为高端食用油牡丹籽油的原材料；种皮可提炼出黄酮，可以改善血液循环，降低胆固醇；牡丹花具有丰富的原花色素，对于抗氧化和清除自由基有良好功效；果荚富含牡丹多糖，可增强吞噬细胞的吞噬功能，提高身体免疫能力；牡丹籽粕中的多糖胶具有抗炎抗氧化的功效；榨取牡丹籽油后的种子剩余物还可提取牡丹营养粉和纳米牡丹木粉，可作为食品添加剂和新型节能环保材料等。目前，牡丹产业可以融合一二三产业，包含牡丹种植栽培、牡丹新品种培育、牡丹产品加工业、高值化综合开发、功能性食品研发、牡丹文化旅游等相关产业。

山东是牡丹传统种植区，对油用牡丹产业发展较为重视，近年来积极鼓励和支持社会企业和科研院所开展油用牡丹产品研发和加工，油用牡丹企业发展迅速。菏泽是中国牡丹之都，是山东油用牡丹种植重点地级市，种植面积居全国地级市首位。菏泽油用牡丹产业发展较为全面，牡丹生产、加工、销售等相关企业较多，现拥有尧舜、龙池、瑞璞、康普、绮园、盛华等多家产业化龙头企业，并且已初具规模，近年来研制开发出牡丹籽油、牡丹生化用品、功能性产品达240余种，牡丹籽油年生产能力达到2.5万t，2018年实现总产值80多亿元。目前菏泽已经初步形成了覆盖牡丹种植、生产加工到销售的全产业链条，并逐步延伸和拓展，形成了全世界种植面积最大、品种最多、产业链最长的牡丹繁育、科研、观赏基地。

（四）出口贸易情况

我国油用牡丹出口贸易主要以种苗和丹皮为主，菏泽和洛阳是我国油用牡丹种苗主要出口地。由于西方欧美国家采取十分严格的绿色卫生检疫制度，并且额外增加了对植物真菌的检疫，我国的油用牡丹苗木和加工品很难达到其进口标准，因此出口贸易相对较少。

（五）成本与效益

1. 产业投入情况

随着油用牡丹种植面积和产量的增加（图3-14），该产业的投资规模也逐渐增加，2015年的投资规模为4.91亿元，2019年增加至7.12亿元，同比2015年增加了45%。

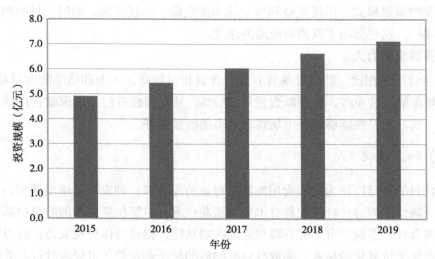

图 3-14　2015—2019 年油用牡丹行业投入规模情况

数据来源：中国报告网

2. 种植投资效益分析

以山东菏泽地区为例，第一年投入种苗成本 3 000 株 / 亩［种苗（二年生）0.3 元 / 株］，种苗费 900 元 / 亩（一次性投入），土地租金每年 800 元 / 亩，管理费每年费用约 800 元 / 亩，前 5 年每亩共需投资约 8 900 元。

油用牡丹种植 3 年后才能见到效益，为了提高土地产出效益，也能让种植户有部分收入，解决"脖子长"问题，因此可选择与农作物套种。例如，同大豆套种，每两行牡丹之间可种植 1 行大豆，株距 15 cm，产量约 250 kg（干重），市场价每千克 4.5 元，价值 1 125 元，扣除成本 190 元（种子 30 元，播种 80 元，采收费 80 元，除草锄地计入牡丹管理费用），每亩纯收入 935 元左右，前两年可实现效益 1 870 元。

油用牡丹从第三年开始结籽，每亩可收获牡丹籽 80 kg（20 元 /kg），可实现收益 1 600 元。

第四年，每亩油用牡丹可收获花瓣 50 kg（4 元 /kg），牡丹籽 200 kg（20 元 /kg），可实现收益 4 200 元。

第五年，每亩油用牡丹可收获花瓣 50 kg（4 元 /kg），牡丹籽 250 kg（20 元 /kg），可实现收益 5 200 元。

另外，各地政府为推进油用牡丹产业快速发展，前三年会给予每亩 600 ～ 1 100 元的补贴，以菏泽地区每亩补贴 1 000 元为例，三年种植补贴总数为 3 000 元 / 亩。

5 年种植油用牡丹每亩总收益是 15 870 元，其净收益为 6 970 元。

从第六年开始，油用牡丹进入盛产期，每亩油用牡丹每年可收获牡丹籽 300 kg（20 元 /kg）以上，每年纯收益在 4 400 元以上，至少可持续 30 年。

二、前景展望

油用牡丹一年四季都具有利用价值，春季观光赏花，夏秋收获牡丹籽，秋冬销售牡丹苗，油用牡丹的这一生理特性为其产业的发展提供了无限可能。

1. 观光文化前景

油用牡丹的花朵极具观赏价值。目前常见的油用牡丹栽培品种有凤丹牡丹和紫斑牡丹，这两个品种花朵硕大、颜色艳丽，花团锦簇，气味芬芳，自古就有"唯有牡丹真国色，花开时节动京城"的美誉。可利用这一特点，建设有关牡丹观赏园、牡丹博览会等牡丹文化旅游特色景点、精品线路、高档景区，促进牡丹文化的传播，推进牡丹文化产业的发展。

2. 油用前景

油用牡丹的油用价值为其产业发展奠定了重要的基础。在食用油的供给中，我国是食用油极其短缺的国家，自给率不足 40%，年均缺口在 60% 以上，已超出国际食用油安全警戒线。大力发展包括油用牡丹在内的木本油料，不仅能够有效缓解目前国产食用植物油紧缺局面，而且对持续增加农民收入、发展现代农业和实施精准脱贫，有重大现实意义。

牡丹籽油因其营养丰富而独特，又具有医疗保健作用，被中国科学院专家称为"世界上最好的油"。2011 年 3 月 22 日以牡丹籽仁为原料提炼出的牡丹籽油被卫生部批准为新资源食品，这为我国的粮油发展提供了新的思路和保障。牡丹籽油出油率为 22%，不饱和脂肪酸含量丰富，其中 α – 亚麻酸含量高达 44%，α – 亚油酸含量达 28%，是橄榄油的 140 倍、鱼油的 5 倍，是所有已知生物中含量最多的，是优质的食用油原料，市场前景广阔。如在孕妇食品市场，α – 亚麻酸在人体内转化形成的 DHA 是大脑、视网膜等神经磷脂的主要组成成分，对于胎儿的智力发育、视力发育等至关重要，而牡丹籽油中 α – 亚麻酸的高含量正是其最大优势之一，可作为孕妇和胎儿的营养补充，填补市场需求。

3. 药用前景

油用牡丹还具有丰富的药用和保健作用。花可制茶，有降低血压、养颜美容的功效；籽可榨油，内服消炎杀菌、降血脂，外用可美容养颜，消除色素沉淀；根为丹皮，是六味地黄丸的重要原料。除此之外，还可从牡丹籽种提取牡丹酚、牡丹皂苷、牡丹多糖等众多生物活性成分，是保健食品的重要原料，在中老年保健市场也占有一席之地。

2020 年 2 月 14 日国家卫生健康委员会办公厅、国家中医药管理局办公室发布《新型冠状病毒肺炎重型、危重型病例诊疗方案（试行第二版）》中提到，"重型新冠肺炎患者可以使用富含 Ω–3 脂肪酸的肠内营养制剂，肠外营养中可以添加富含 EPA、DHA 成分的脂肪乳"。Ω–3 脂肪酸是一组多不饱和脂肪酸，人体无法自身合成，需从食物或专门营养补充剂中获取，α – 亚麻酸是 Ω–3 脂肪酸中的重要组分，因此富含 α – 亚麻酸的牡丹籽油可以作为营养剂为新冠肺炎重症患者提供营养。

三、存在问题

1. 缺乏高产优质的油用牡丹品种

由于基础研究薄弱，我国高产优质专用油用牡丹品种研究滞后。目前种植户栽种的油用牡丹以"紫斑"和"丹凤"两个品种为主，种子是从自然杂交的油用牡丹大田中择优采集的，为杂合体，真正的油用牡丹纯合系几乎不存在，高产优质品种缺乏。

2. 缺少关键性国家标准

目前油用牡丹种植还没有形成标准化生产模式，收获的牡丹籽及加工的牡丹籽油等也没有形成相应的国家标准，2020 年 8 月在山东菏泽举办的"牡丹籽油国家标准暨油用牡丹产业发展研讨会"就把制定牡丹籽油国家标准提上了议程，这将会对油用牡丹产业发展起到非常重要的作用。制定好牡丹籽油国家标准，才能更好地引领油用牡丹产业的健康发展，从而使牡丹籽油产业发展正常化，继而走上国内、国际粮油市场。

3. 产业链发展不均衡

油用牡丹市场需求大时，种植户都盲目跟风，求量不求质，没有考虑后续加工能力及加工产品销售的问题，导致供需不平衡，甚至出现没有企业收购的局面，牡丹籽价格大幅下降。然而牡丹籽油市场销售价普遍在 500 ～ 1 000 元 /kg，同橄榄油等其他高端粮油相比价格高昂，群众难以接受。归根结底，还是产业化程度低、产业链条发展不均衡等原因所致，现在一般还是以初加工为主，深加工能力薄弱，加工成本高，效益低。

4. 前期投入大，种植户抗风险能力弱

油用牡丹前期投入大，平均一亩地需要投入成本约 1 万元，且种植周期长，3 年以后才会结籽，前两年几乎没有收入，5 年后收入才会明显，当遇到极端天气时，牡丹不结籽，基本无收入。目前对于种植油用牡丹在政策上的保障低，有些地区政府只管种，不管收，种植户承担的风险较大，种植积极性降低，不利于产业稳定发展。

5. 群众认知度不高，推广阻力大

作为油料作物，油用牡丹不可避免要进入千家万户，不能只是理论上的优质油、健康油，而应该千方百计地进入百姓家庭。政府和企业对于牡丹加工品的宣传力度不够，导致群众对油用牡丹的认知较低，大多数人还停留在观赏层次，对于牡丹加工产品了解少，接纳程度低，这也是影响牡丹产业推广发展的一大阻力。

四、对策建议

1. 提高科研投入水平，增加新品种研究

增设油用牡丹育种项目，引起高校及科研单位人员重视，充分利用我国丰富的牡丹种质资源，运用生物技术手段，筛选选育出适应性广、高结实率、高出油率的油用牡丹新品种，并对选育出优质新品种的技术人员给予激励性奖励。

2. 制订国家标准，规范产业发展

相关部门可组织行业权威专家共同商讨制订油用牡丹种植技术规程和加工品如牡丹籽油的国家标准，进行标准化生产加工，并建立质量监督检测体系予以实施，确保标准有效供给，有利于推动油用牡丹产品走入国际市场。

3. 加大科研投入，促进产业均衡发展

按照扶大、扶优、扶强的原则，大力培育和扶持龙头企业，不断提高产业集中度。在油用牡丹主产区逐步形成以企业为龙头，以科技为依托，以基地＋农户为种植基础的产业发展模式，以及稳定的从种植到加工的油用牡丹产业链。企业通过壮大科研队伍不断加强牡丹籽油化学的基础研究，改进和完善提取工艺。进一步开发牡丹籽油产品精深加工与综合利用的方法和技术，解决高效利用油料加工副产品的技术问题，降低生产成本，让牡丹籽油市场价格亲民，可以走上平民的餐桌。

4. 建立收购价保护机制，保障种植户收益

随着产业规模的迅速扩大，应尽快制定和完善油用牡丹产业发展的支持政策，建立健全调控机制，不能只管种不管收，建立收购价保护机制，保障种植户收益。另外，要出台一系列相关的财政补贴政策和奖励制度，通过改进补贴方式、加大补贴力度和加强信贷支持等手段，充分调动农民和地方政府的生产积极性，形成全国性的油用牡丹种植政策。

5. 增加宣传力度，提高群众认知

油用牡丹的市场开拓才刚刚起步，了解油用牡丹、牡丹籽油、油用牡丹系列产品的消费者比例很小，需要大力进行宣传推广。可通过增加电视台广告宣传、网红直播带货等方式介绍油用牡丹及相关产品，使百姓能够更深层次地认识油用牡丹的价值所在，以提高群众的消费欲望，增加消费水平。